Hans Zippert

Warum Regenwürmer nicht zuhören und Eichhörnchen schlecht einparken

Hans Zippert

Warum Regenwürmer nicht zuhören und Eichhörnchen schlecht einparken

KOSMOS

Mix
Produktgruppe aus vorbildlich bewirtschafteten Wäldern, kontrollierten Herkünften und Recyclingholz oder -fasern
www.fsc.org Zert.-Nr. SGS-COC-004278
© 1996 Forest Stewardship Council
FSC

Gedruckt auf chlorfrei gebleichtem Papier

Unser gesamtes lieferbares Programm und viele weitere Informationen zu unseren Büchern, Spielen, Experimentierkästen, DVDs, Autoren und Aktivitäten finden Sie unter **www.kosmos.de**

1. Auflage 2010

ISBN 978-3-440-12191-7
Printed in Czech Republic/Imprimé en République Tchèque

INHALT

Wie man Tiere beobachtet und sie vom Menschen und anderen Gegenständen unterscheidet

Wer Tiere beobachten will, der muss da hingehen, wo Tiere sind. Er muss das Tier abholen, wo es gerade sitzt, kriecht oder fliegt. Es bringt wenig, in den Kleiderschrank oder den Rasierspiegel zu gucken. Es gibt zwar Menschen, die glauben, ein Tier im Rasierspiegel zu beobachten, aber das ist wissenschaftlich umstritten und die animalische Wirkung lässt auch nach, sobald man den Rasierschaum aus dem Gesicht entfernt hat. Natürlich könnte man im Kleiderschrank hin und wieder den majestätischen Flug der Kleidermotte bewundern, aber damit hat es sich auch.

Unsere Welt ist voll von Tieren, man muss sich deshalb zunächst entscheiden, welche man beobachten will. Als ein hervorragendes Hilfsmittel zur Tierbeobachtung hat sich über die Jahre hinweg das menschliche Auge erwiesen. Wichtig ist, die Augen aufzumachen, aber wenn man diese Hürde erst mal überwunden hat, steht der Tierbeobachtung wenig im Weg. Auch die Ohren sollte man nicht vernachlässigen, wer ein oder gar zwei sein eigen nennt, kann sie bei der Tierbeobachtung gut gebrauchen, denn Tiere geben oft Laute von sich, für deren Wahrnehmung das menschliche Ohr hervorragend geeignet ist. Auch die Nase kann beim Aufspüren von Tieren hilfreich sein, führt jedoch meist zu Exemplaren, deren Bewegungsfähigkeit stark eingeschränkt ist.

Ganz wichtig ist: Man darf sich bei der Tierbeobachtung nicht anstrengen. Es muss zufällig, wie nebenbei geschehen. Dieses Buch beschäftigt sich deshalb hauptsächlich mit Tieren, die uns von selbst über den Weg laufen, die wir auf den ersten Blick erkennen können. Hilfsmittel wie Fernglas, Lupe oder gar Mikroskop können benutzt werden, sind aber eigentlich nicht notwendig. Wenn Sie jedoch wissenschaftliche Ambitionen haben, können Sie sich durchaus der Wildschweinbeobachtung mittels Mikroskop widmen.

Obwohl es einige Tiere gibt, denen es nicht das Geringste ausmacht, uns durch Gebell, Gefauche und Gekreische zu belästigen, sollten wir trotzdem darauf achten, sie beim Beobachten nicht zu stören. Nicht immer ist es leicht, Tiere von Menschen zu unterscheiden. Als Faustregel mag gelten, dass Tiere niemals nabelfreie T-Shirts, dreiviertellange Leggings oder Sandalen und weiße Socken anziehen.

1 | STADT UND DORF

Der Autor blickt in einen Kasten und sieht einen Delfin. Allerdings nur in schwarzweiß. Er behauptet: von Rabenvögeln lernen heißt siegen lernen. Er rettet sechs jungen Igeln das Leben und beweist, dass das Pferd eigentlich der Hund des Menschen ist. Aber ist dann der Elefant etwa der Igel des Eichhörnchens? Und sind Spatzen die wahren Architekten unserer Innenstädte? So lesen Sie doch selbst.

Auf der evolutionären Gewinnerstraße

SPATZ *{Passer domesticus}*

In meiner Kindheit gab es überhaupt keine anderen Vögel, ich kann mich jedenfalls nicht erinnern, dass ich irgend einen anderen gesehen hätte. Der Spatz war überall. Morgens weckten mich Schwärme von Spatzen mit lautem Getschilpe. Sie saßen im Hinterhof auf den Teppichstangen und den kleinen mageren Birken, veranstalteten einen ziemlichen Lärm und schienen offensichtlich Spaß daran zu haben. Es waren unglaublich viele, und möglicherweise tarnten sich die anderen Vögel als Spatzen, weil sie sonst keine Überlebenschance gehabt hätten. Spatzenschwärme durchzogen die Hinterhöfe meiner Kindheit. Sie galten als echte Plage, hatten ein schlechtes Image, denn man konnte keine Wäsche raushängen und keinen Kuchen zum Auskühlen auf die Fensterbank stellen. Zum Weltspartag bekam ich von der Sparkasse ein grünes Heftchen mit knapp dreißig angeblich in Deutschland beheimateten Vogelarten. Der Spatz sah einerseits unscheinbar, andererseits aber leicht verschlagen aus. Er machte natürlich nicht so viel her, wie der Fichtenkreuzschnabel oder der Pirol, die für mich so ungeheuer exotisch aussahen, dass ich mir nicht vorstellen konnte, sie im Deutschland des Jahres 1962 anzutreffen. Der Pirol sah ziemlich undeutsch aus. Der Spatz dagegen, der Tag für Tag in einem Gefieder unterwegs war, das aussah wie ein Übergangsmantel für Vögel, dieser Spatz war für mich der Vogel schlechthin. Doch je älter ich wurde, umso weniger Spatzen gab es um mich herum. Stattdessen tauchten Meisen auf und Buchfinken.

Vielleicht kann man als urbaner Sechsjähriger nur Spatzen wahrnehmen und erst in der Pubertät entwickelt man überhaupt rein körperlich die Fähigkeit, eine Meise zu erkennen. Dagegen nimmt das Spatzenwahrnehmungsvermögen ab. Jedenfalls wurde ich älter und ich sah den Spatz nur noch selten, ja, ich bin mir gar nicht sicher, ob ich ihn wirklich sah oder nur dachte, er müsse doch irgendwo in der Nähe sein. Gerüchteweise hörte ich, der Spatz sei selten geworden, genau genommen sogar im Bestand bedroht. Im Jahre 2002 wurde er dann „Vogel des Jahres", was immer ein schlechtes Zeichen ist. Wahrscheinlich übernimmt die Regierung die Initiative und legt Spatzenanschubprogramme mit Nistgeld und Brutpflegeversicherung auf.

Bei Besuchen in Frankfurt und Berlin stellte ich überraschenderweise fest, dass es dort Spatzen im Übermaß gab. Auf öffentlichen Plätzen wimmelten sie herum, spazierten über Caféhaus- und Restauranttische und nahmen sich, was die Gäste übrig gelassen hatten. Oft genug aber ließen sie sich direkt etwas zuwerfen, ja, sie schienen in den Gästen geradezu den Wunsch auszulösen, sie mit Nahrungsmitteln zu versorgen.

Ich richtete jetzt mein Augenmerk auf die Caféhausgäste und weniger auf den Spatz, der inzwischen nämlich längst auf der evolutionären Gewinnerstraße unterwegs ist. Sein Vorgehen gleicht dem des Honiganzeigers. Dieser schlaue Vogel macht durch lautes Geschrei Menschen oder Tiere auf einen Bienenstock aufmerksam. Die Menschen zerlegen dann den Bienenstock, was dem Honiganzeiger nicht möglich gewesen wäre, lassen dem Vogel aber immer noch genug übrig, womit der sein Ziel erreicht hat. Noch geschickter stellt es der Spatz an. Erst bringt er mittelständische Unternehmer dazu, einen gastronomischen Betrieb zu eröffnen und die Tische auf die Straße zu stellen. Dann siedeln sich die ersten Gäste an, die sofort die Versorgung des Spatzen mit Krümeln sicherstellen. Wie der Spatz das hinkriegt? Keine Ahnung, da ist die Wissenschaft gefragt.

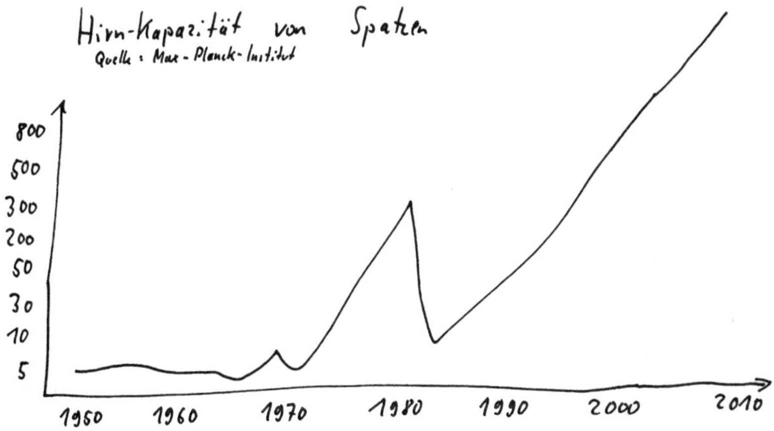
Hirn-Kapazität von Spatzen
Quelle: Max-Planck-Institut
800
500
300
200
50
30
10
5
1950
1960
1970
1980
1990
2000
2010

Von 1000 Hunden …

… holen	753 das Stöckchen
… machen	303 „Sitz"
… suchen	141 das Frauchen
… verstehen	98 jedes Wort
… wollen	909 nur spielen
… riechen	813 aus dem ~~Mund~~ Maul
… reagieren	73 auf die Frage: „Ja, wo isser denn?"
… bringen	41 die Zeitung
… geben	122 Pfötchen
… schreiben	12 für die Zeitung

Der treue Lumpi auf Schnäppchenjagd

HUNDE *{Canidae}*

Mir persönlich fällt die Hundebeobachtung wirklich leicht, denn Hunde fühlen sich von mir magisch angezogen. Sie freuen sich, mich zu sehen, springen begeistert hechelnd an mir hoch, vor allem, wenn ich eine helle Hose angezogen habe, was ich aber so gut wie nie tue, denn in meiner Nachbarschaft gibt es viele Hunde, um nicht zu sagen, einige meine besten Nachbarn sind Hunde. Warum lieben mich die Hunde? Weil sie schon aus hundert Meter Entfernung spüren, dass ich eine Hundehaarallergie habe.

Der Hund hat sein Schicksal eng mit dem des Menschen verbunden, er gehört zu den wenigen Lebewesen, die eine echte Zuneigung zum Menschen entwickelt haben. Aber das ist alles nur Heuchelei, denn man weiß ja: der will nur spielen und wenn er sich einen Vorteil davon verspricht, dann auch mit unseren Gefühlen.

Wenn sich Menschen im Freundes- und Bekanntenkreis einen Hund anschaffen oder sagen wir auch in diesem Fall besser: wenn der Hund sie dazu bringt, sich um ihn zu kümmern, dann geht meistens eine starke Veränderung mit diesen Personen vor. Sie verblöden, wie das die Verhaltensforschung ausdrückt. Sie sprechen keinen Satz mehr zu Ende oder fügen zuverlässig ein „Ja, wo isser denn?“ oder ein „Ja, da bist du ja“ an. Der Hund dankt es durch unbändiges Wedeln, Bellen und Hecheln. Hunde rufen in ihren Besitzern eine Art umgekehrtes ADS hervor, kein Aufmerksamkeitsdefizit, sondern eher eine übertriebene und deshalb krankhafte Aufmerksamkeit.

Der Hund kommt in vielen Größen, Farben und Formen vor und zumindest in Deutschland muss man Steuern für ihn zahlen. Das macht er nämlich auch nicht selbst. Andere Dinge beherrscht er dagegen perfekt. Ein Hund im US-Staat Nebraska ist 130 km weit gelaufen, um wieder nach Hause zu kommen. Er rannte durch die Wüste und überquerte zwei Bergketten. Was aber ist an der Leistung des Hundes so bemerkenswert? Schließlich lief er seinem Besitzer an einer Raststätte weg, es war also die eigene Schuld des Hundes, dass er so weit rennen musste. Er hat es auch nicht mal bis nach Hause geschafft, sondern wurde irgendwo von Menschen gefunden, die dann anhand der Hundemarke auf die Spur des Besitzers kamen. Es wurde wirklich höchste Zeit, dass so ein Fall für Schlagzeilen sorgt, denn insgesamt hat der Hund ein Imageproblem. Er gilt hauptsächlich als Gehsteigverunreiniger, Sättigungsbeilage im China-Restaurant und Ruhestörer, außerdem macht er gerne im Kampfanzug Jagd auf kleine Kinder. Viele Menschen gehen nur vor die Tür, weil der Hund mal raus muss. Ohne Hund bliebe uns ihr Anblick erspart. Das Publikum begeistert sich heutzutage eher für Eisbären. Nur in den Tagesthemen taucht angeblich öfter ein Dackel namens Tom Buhrow auf und hechelt ins Mikrofon.

Vor Kurzem sahen wir einen Bericht über einen Hund, der Bargeld riechen konnte. Das kann unser Sohn zwar auch, allerdings nicht durch eine doppelte Kofferwand. Besagter Hund arbeitet für den Zoll und ist auf Euros spezialisiert, aber sicher gibt es auch bald einen Dollardackel oder einen Pfundpudel oder einen Sheikelschäferhund. Denn Hunde besitzen erstaunliche Fähigkeiten. Sie arbeiten nicht nur im Stöckchenzustelldienst, sie können auch Blinde führen, Lahme zu Boden reißen, Lawinenopfer mit Rum abfüllen, Schlitten hinter sich herzerren und alles Mögliche erschnüffeln. Drogen und Sprengstoff sind schon Routine, jetzt also Bargeld. Und Krebs sollen sie ebenfalls riechen können. Es wird nicht mehr lange dauern, bis man Hunde so dressiert hat, dass sie Schwarzgeld aufspüren. Unser treuer Lumpi wird für uns in der Einkaufszone auf Schnäppchenjagd gehen und beim Telefonieren den günstigsten Tarif aufspüren und apportieren. Wir fragen uns, ob da evolutionstechnisch nicht einiges schiefläuft. Ist uns der Hund nicht längst über? Ohne Hunde würde doch in diesem Land nichts mehr funktionieren. Beschäftigungslose müssen sich demnächst zum Hund umschulen lassen, um Arbeit zu finden. Wir sollten vorsichtig sein, damit Hunde nicht zu mächtig werden. Eines Tages erschnüffeln sie die richtigen Lottozahlen, füllen den Schein aber selbst aus und kaufen sich für drei Millionen Euro Knochen.

Auch ihre schauspielerischen Fähigkeiten sind, wie eingangs erwähnt, beachtlich. Ein besonders begabter Langhaardackel aus dem Ruhrgebiet war bisher in vier grundverschiedenen Dokumentationen zu sehen, nämlich in „Waldi, der Minensuchhund", in „Danny – wenn Dackel Depressionen haben", in „Schufti, der Kinderfreund" und in „Der Killerdackel aus Erkenschwick". Im September wird er uns in der Sportschau als „Pfeife, der Schiedsrichterhund" präsentiert und dort spielt er sehr überzeugend einen Dackel, der Abseits riechen kann.

Immer häufiger kommt es auch bei Hunden zu Verhaltensstörungen, denn die Psyche eines Haustieres spiegelt natürlich auch den Seelenzustand des Besitzers wider. Sagt der Tierverhaltenstherapeut Ronald Lindner mit treuem Augenaufschlag. Gar nicht so selten leiden Hunde unter Platzangst. Kein Wunder, wenn man ihnen mehrmals am Tag befiehlt: „Mach Platz!". Hier ist es wichtig, dem Hund zu erklären, dass er nicht platzen, sondern sich nur hinsetzen soll. Verbreitet ist auch die Versagensangst. Hunde haben oft Alpträume, in denen sie tagelang hinter einem Stöckchen herrennen, dass sie aber niemals einholen, geschweige denn wiederbringen können.

Der Pharmakonzern Pfizer darf in den USA eine Schlankheitspille namens Slentrol für Hunde verkaufen. Chinesische Restaurantbesitzer haben bereits dagegen protestiert, da übergewichtige Hunde grundsätzlich schmackhafter seien. Das Mittel ist übrigens ausdrücklich nicht für Menschen gedacht. Wer es trotzdem nimmt, muss mit Nebenwirkungen rechnen. So apportierte ein Immobilienmakler aus Boston nach dem Genuss von Slentrol plötzlich Stöckchen und verlangte von seinen Kollegen, sie für ihn wegzuwerfen. Außerdem verfolgte er laut bellend den Postboten und biss ihn ins Bein.

Tierschützer warnen, dass Slentrol-Geschädigte von ihren Angehörigen an Autobahnraststätten ausgesetzt oder dem Tierarzt zur Einschläferung übergeben werden könnten. Eine Hausfrau aus Kansas, die zu Testzwecken mehrere Wochen Slentrol konsumiert hatte, nahm ihre Mahlzeiten nur noch auf dem Boden aus einem Napf zu sich und servierte ihrer Familie Hundefutter aus Dosen, was diese aber gar nicht bemerkte, da es sich um Tiernahrung der Premiumklasse handelte. Ein langhaariger Jurastudent aus Los Angeles erhielt nach nur dreiwöchiger Einnahme von Slentrol sogar die Hauptrolle in einer Neuverfilmung von „Lassie“.

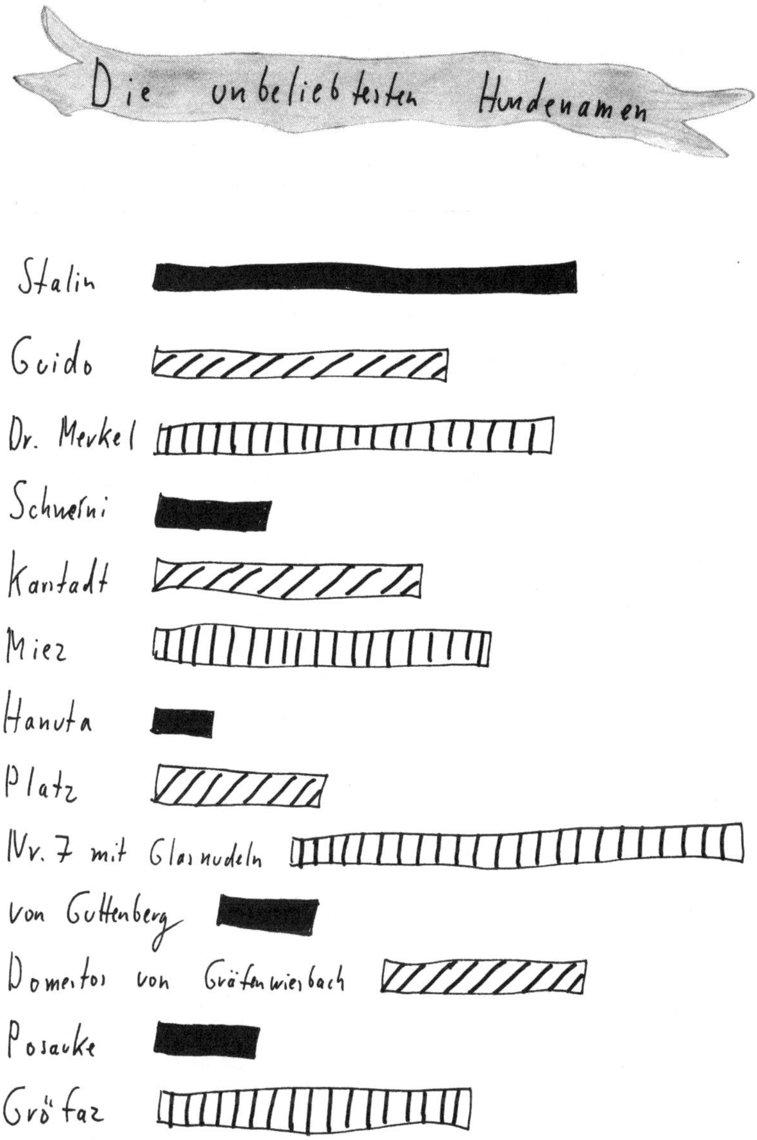
Die unbeliebtesten Hundenamen
Stalin
Guido
Dr. Merkel
Schwerni
Karstadt
Miez
Hanuta
Platz
Nr. 7 mit Glasnudeln
von Guttenberg
Domestos von Gräfenwiesbach
Posauke
Gröfaz

Als Tagesschau-Sprecher ungeeignet

PFERD {*Equus ferus caballus*}

Internationale sportliche Großveranstaltungen beweisen es immer wieder aufs Neue: der beste Freund des Deutschen ist das Pferd. Ob der beste Freund des Pferdes auch der Deutsche ist, kann man nicht beurteilen, denn, wie heißt es so schön, da steckt man nicht drin. Jedenfalls springen Pferde über jedes Hindernis und vollführen die schwierigsten Drehungen und Pirouetten, sobald ein Deutscher auf ihrem Rücken sitzt. Leider werden in letzter Zeit immer mehr Pferde beim Doping erwischt, womit ich nicht sagen will, dass ich es bedauere, dass man sie erwischt, sondern dass die Tiere so etwas nötig haben. Wobei man sich natürlich immer fragen muss, ob sie sich das Zeug inzwischen selber besorgen oder ob man es ihnen verabreicht. Drogen können ja durchaus einiges bewirken und für ein Springpferd ist es gar nicht so verkehrt, möglichst high zu sein. In der Dressur könnte LSD Wunder wirken. Doch man muss auch die Folgen bedenken. Werden die Tiere überführt, droht ein beispielloser sozialer Abstieg und ein Ende als Karussellpferd.

Erstaunlich, dass es überhaupt keine Serie im Fernsehen mehr gibt, in der Pferde eine wirklich wichtige, oder sagen wir ruhig, tragende Rolle spielen. Eine Zeitlang habe ich geglaubt, in der amerikanischen Serie „Reich und Schön“ würden Pferde mitspielen aber die Schauspieler haben einfach so viel Geld in den Ausbau ihres Mundraums investiert, dass sie ihr langen weißen Zähne fast ständig blecken. Statt edlen Pferden müssen wir uns die öden Streiche eines

Schimpansen und eines Seelöwen anschauen. Selbst Hunde sieht man häufiger als Pferde, sie treten als Lebensretter und Kommissare auf, obwohl sie sportlich höchstens im Dauerbellen oder Rhythmischen Sportwedeln glänzen könnten. Pferde werden allerhöchstens mal als Transportmittel in historischen Filmen oder als Requisiten in Rosamunde-Pilcher-Filmen und als Schachfiguren benutzt. Ein Polizeipferd als Serienheld scheint undenkbar und als Tagesschau-Sprecher will man die Tiere schon gar nicht einsetzen, dabei haben sie wunderschöne große Zähne und herrliche Mähnen. Ganz anders ist die Lage übrigens in England, dort gehören sogar einige Pferde zur königlichen Familie.

Die Pferdebeobachtung ist relativ einfach, denn ein Pferd kann man kaum übersehen. Sie versuchen sich nicht zu tarnen, sind nicht besonders leise und ziehen oft sogar Kutschen oder Wagen mit Bierfässern hinter sich her, um auf sich aufmerksam zu machen. Am vorteilhaftesten ist die Pferdebeobachtung auf der Rennbahn, es sei denn, man hat einen Haufen Geld auf „Lady Gisela" im 3. Rennen gesetzt, aber es gewinnt der Wunderwallach „Croque Monsieur". Kleinere Pferde heißen übrigens Ponys, sie laufen im Zirkus unter den großen Pferden durch. An vielen Pferden sind unten Hufeisen angebracht, weil das Glück bringt, und Glück können die Tiere wirklich brauchen, denn wenn sie Pech haben, werden Pferde auch zu Fleisch- und Wurstwaren verarbeitet, wobei ich nicht ganz verstehe, wo die zu verwurstenden Pferde überhaupt herkommen.

Gibt es tatsächlich so etwas wie eine Intensivmast? Unterscheidet man gar in Käfig-, Boden- und Freilandhaltung? Eigentlich glaube ich das nicht, denn Pferde legen ja keine Eier, obwohl das manchmal schon so aussieht.

Mit der Handhupe auf der Suche nach dem Dialog

DELFINE *{Delfinidae}*

Die Sechzigerjahre des letzten Jahrhunderts waren ein ganz erstaunliches Jahrzehnt. Es war eine Zeit, in der Mensch und Tier eine besonders enge Bindung hatten. Die Tiere verstanden damals tatsächlich unsere Sprache, was viele TV-Dokumentationen bewiesen. Sie trugen Titel wie „Lassie", „Fury", „Flicka", „Flipper", „Daktari" und „Skippy, das Buschkänguru". Diese Tiere hatten uns etwas zu sagen. Und zwar ständig. Beinahe täglich blickten wir in den Fernseher und fragten uns: „Warum bellt Lassie denn so merkwürdig, warum wiehert Fury so seltsam, warum schnattert Flipper so aufgeregt und warum hüpft Skippy so nervös auf und ab – wollen sie uns etwa etwas mitteilen?" Natürlich wollten die braven Tiere unsere Aufmerksamkeit auf eine Notsituation lenken, irgendwo brannte immer ein Haus, war ein Rochen in Not, lag ein kleines Mädchen eingeklemmt unter ihrem Dreirad oder versuchten Wilderer einem Elefanten die Stoßzähne abzuschrauben.

Ohne die sprechenden Tiere hätte der Mensch nichts gemerkt und das Verbrechen den Sieg davongetragen. Der klügste von allen war selbstverständlich Flipper. Ein fischförmiges Säugetier, das zehn Sprachen fließend und drei gebrochen beherrschte und selbst die kompliziertesten Zusammenhänge begriff. In einer Folge war er tatsächlich kurz davor, ein gerissenes Stromkabel zu reparieren („Flipper und das gerissene Stromkabel"). Flipper schwamm vor der Küste Floridas herum. Er gehörte nicht nur zur Familie der Tümmler, sondern auch zu der von Porter Ricks (Brian Kelly), einem verwitweten Ranger und seinen beiden Kindern Sandy (Luke Halpin) und Bud (Tommy Norden). Hin und wieder fungierte ein Pelikan namens Pete (Pete) als Faktotum. War Flipper einmal nicht zur Stelle, hielt Bud eine Handhupe ins Wasser und erzeugte ein schnarrendes Geräusch, das den Delfin zuverlässig anlockte. Heute wäre diese Hupe ein Merchandising-Produkt der Spitzenklasse. Kinder würden sie in ihr Aquarium halten und die Guppys zu Tode erschrecken. In Hallenbädern könnte man damit Bademeister in hellen Scharen anlocken und Rentner desorientieren. Doch damals ging es nicht um den schnöden Verkauf von Delfinfanartikeln. Es ging um höhere Werte wie Naturverständnis, Umweltschutz und Weltrettung.

Vor allem hierzulande genoss Flipper große Beliebtheit. Ein Tier, dessen Intelligenzquotient höher war, als der des Durchschnittsdeutschen und das außerdem noch besser schwimmen und tauchen konnte, musste einfach zum Idol werden. In den Siebzigern wurde Flipper durch ein Wesen namens Jacques Cousteau abgelöst, bei dem es sich auch um einen intelligenten Meeressäuger handelte, aber leider nicht um einen Delfin, sondern nur um einen Franzosen.

Während der Dreharbeiten zur Fernsehserie von 1964–68 beschäftigte man zwei Delfindarsteller namens „Suzy“ und „Cathy“ in der Rolle von Flipper, die sich beide mit Fischen bezahlen ließen. Die menschlichen Schauspieler nahmen lieber Geld, erreichten aber später nie wieder eine so große Popularität wie damals, als sie noch einem Delfin zur Hand gehen durften.

Flipper war die erste Fernsehserie, die fast komplett im und auf dem Wasser spielte. An Land wirkten auch die humanoiden Hauptdarsteller immer merkwürdig unbeholfen, aber sobald sie ein Boot, ein Surfbrett oder einen Helikopter unter den Füßen hatten, bewegten sie sich schnell, geschickt und fest entschlossen. Als Kind bedauerte man den allgemeinen Mangel an großen deutschen Wasserflächen und starrte missmutig auf den Dümmer oder das Steinhuder Meer, aus deren Fluten sich niemals ein Delfin erheben würde, um uns mit aufgeregt keckernder Stimme auf die Gefahr eines Sonnenbrandes oder eines drohenden Hausarrestes aufmerksam zu machen.

Trotz solcher Probleme lebte aber man in optimistische Zeiten. Die Erwachsenen hatten Hoffnungen, vermehrten sich fleißig und waren auf dem zweiten Bildungsweg unterwegs, weil sie es auch mal so weit wie Flipper bringen wollten. Angst musste man eigentlich vor nichts und niemand haben, denn Flipper beschützte Amerika und damit auch die Bundesrepublik, die damals noch ein amerikanischer Bundesstaat war. Im fernen China nahm sich sogar der große Vorsitzende Mao ein Beispiel an Flipper, durchquerte prustend die Fluten des Yangtze und warnte vor Konterrevolutionären.

Heute herrscht ein eklatanter Mangel an warnenden Tieren. Es wäre dringend notwendig, dass Flipper wieder auf den Plan tritt und weltpolitische Verantwortung übernimmt. Er wusste doch sofort, ob jemand gut oder böse war. Einen Schurkenstaat hätte er am Geschmack des Wassers erkannt. Der 11. September wäre kein besonders bemerkenswertes Datum, weil Flipper die Terroristen rechtzeitig enttarnt hätte. Und wer hätte wohl die Massenvernichtungswaffen im Irak gefunden? Natürlich der kluge Delfin. Doch unsere Kommunikation mit solchen intelligenten Wesen ist gestört. Und deshalb haben uns weder Delfin noch Pferd, Hund oder Känguru vor Hartz IV und Schwarz-Gelb gewarnt. Es wird höchste Zeit, dass wir wieder den Dialog mit den Tieren suchen. Kaufen wir uns also eine Handhupe und halten sie ins Wasser. Mal sehen, wer dann kommt, um uns zu helfen.

Sind Terroristen tierlieb?

IGEL *{Erinaceus europaeus}*

In unserem Garten trieben sich wochenlang dunkle Gestalten herum. Es raschelte in den Büschen, hin und wieder hörte man heiseres Stöhnen oder es wurde gehustet. Dann wurde uns klar: Diese Gestalten hatten Sex gehabt. Wahrscheinlich mehrmals, wenn nicht sogar täglich. Wie sie das genau machten, weiß ich nicht, aber ihre triebhaften Heimlichkeiten waren nicht folgenlos geblieben. Vier kleine Igel liefen plötzlich durch das Gras, immer hinter der Mutter her. Die Igelmutter und ihre Kinder wieselten (oder igelten?) zu jeder Tages- und Nachtzeit auf allen Nachbargrundstücken herum und waren die Sensation unserer Straße.

Dann gab es einen Wetterumschwung, die Igel zogen sich in einen nicht allzu großen Laubhaufen unter unserem Hortensienstrauch zurück und wurden tagelang nicht gesehen. Eines Morgens fand ich zwei kleine Igel entkräftet und matt im Blumenbeet. Ich packte sie in einen heugepolsterten Schuhkarton und rief das Tierheim an. Dort verwies man mich an die „Igelinsel“ in Mühlheim, dem einzigen Ort im Umkreis von 100 Kilometern, der für solche Fälle zuständig war. Eine Dame in einem Nachbardorf diente zum Glück als Zwischenauffanglager. Sie warnte davor, im Laubhaufen nach weiteren Igeln zu suchen, da die Mutter verschreckt werden könnte. Doch nachdem unsere Schüsseln mit Katzen- und Igelfutter nie angerührt wurden, entschloss ich mich, nach dem Rechten zu sehen und fand zwei sehr schlappe kleine Igelchen und einen kleinen, sehr toten Igel. Der tote wurde umgehend beigesetzt, die lebendigen kamen in einen Karton, unter den wir noch eine Wärmflasche legten. Dann flößte meine Tochter ihnen etwas Fencheltee ein und wir stellten sie an die Heizung. Am nächsten Tag krabbelten sie schon aus dem Schuhkarton und fraßen laut schmatzend ihr Katzenfutter. Wir sahen ihnen begeistert zu und waren alle sehr überrascht, dass einen das Igelretten so glücklich machen konnte.

Am selben Tag hörte ich, dass Osama Bin Laden Pakistan den Krieg erklären wolle. Und ich fragte mich, was Bin Laden wohl tun würde, wenn in seinem Versteck kleine Igel auftauchen sollten. Sammelt er sie ein und gibt ihnen Fencheltee? Existieren im pakistanischen Grenzgebiet überhaupt Igelinseln? Ich weiß nicht, welche Stellung der Igel im Islam einnimmt. War er dem Propheten auf der Flucht behilflich oder hat er ihn gepiesackt und darf man deshalb während des Ramadans möglicherweise sogar tagsüber Igel essen? Ich glaube es, ehrlich gesagt, nicht. Im Alten Testament wird der Igel jedenfalls eher schlecht gemacht, bei Jesaja (34,16) spricht der Herr: „Und ich will Babel machen zum Erbe für die Igel und will es mit dem Besen des Verderbens wegfegen." Anscheinend tritt der Igel immer dann auf den Plan, wenn der Besen des Verderbens seine Arbeit getan hat. Doch ich muss jetzt schließen, die Igel brauchen neues Futter und vielleicht doch noch mal eine Wärmflasche für die Nacht.

Die häufigsten Igelnamen

(Quelle: Lexikon der Igelnamen, Bd. I-XI)

Merkwürdige Tierspuren und ihre ganz einfache Erklärung (23)

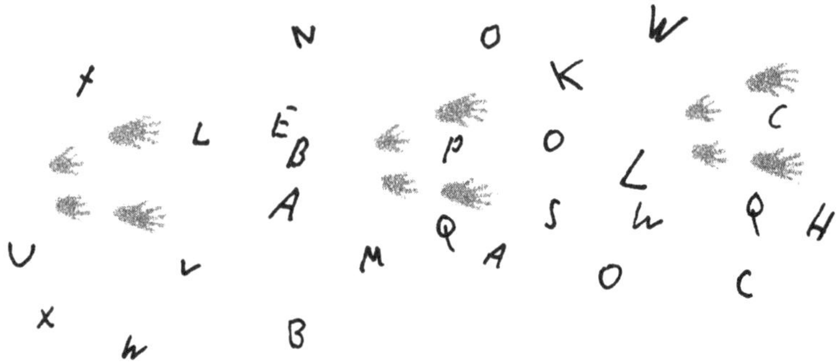

Eichhörnchen, das eine Tüte Buchstabensuppe gefunden hat.

Allesfresser mit stimmungsaufhellender Wirkung

EICHHÖRNCHEN *{Sciurus vulgaris}*

Man nennt es den Affen des deutschen Waldes. Tatsächlich ist es das affenähnlichste, was wir in Deutschland haben. Doch das Eichhörnchen kann etwas, was der Affe nicht kann. Es legt Vorräte an. Es versteckt Nüsse und Samenkörner in der Erde, um sie in schlechten Zeiten wieder auszugraben. Allerdings hat das europäische Eichhörnchen ein sehr schlechtes Gedächtnis und weiß schon am nächsten Tag nicht mehr, wo es was vergraben hat. Aber weil es sehr viele Eichhörnchen gibt, braucht das Tier eigentlich nur an einer beliebigen Stelle zu graben und es wird mit Sicherheit etwas finden.

Ich kann das gut nachvollziehen. Das Gesuchte liegt im Dunkeln und das macht es schwierig. Mir passiert zum Beispiel sehr oft Folgendes: Wenn ich in den Keller gehe, habe ich nach drei Schritten auf der Kellertreppe vergessen, was ich eigentlich da unten wollte. Manchmal gelingt es mir, mich noch im Keller zu erinnern, aber meistens muss ich wieder ans Tageslicht zurückkehren und da fällt es mir dann sofort ein, dass ich in der Osterkiste nachgucken wollte, ob ich im letzten Jahr das Paukenküken eingepackt habe. Das sind wohl die Eichhörnchengene in mir.

Ich weiß übrigens nicht, ob die Bezeichnung Paukenküken zoologisch korrekt ist, es handelt sich dabei um ein gelb bemaltes Küken aus Holz, das vor dem Bauch eine blaue Pauke trägt. Mit den Flügeln hält es die Paukenschlegel, damit es bei Bedarf pauken kann. Ich habe vor Kurzem mal versucht, ein zweites Paukenküken zu erwerben, doch das erwies sich selbst in einer Großstadt mit über 600.000 Einwohnern als unmöglich. Angeboten wurde mir nur ein Mädchen mit Glockenblume, das einen Hasen auf Rädern hinter sich herzog. Dabei war ich ja durchaus kompromissbereit. Wegen der Farbe der Pauke hätte ich mit mir reden lassen, ja ich hätte sogar ein ganz anderes Instrument akzeptiert. Eine Trompete, eine Geige oder eine Harfe, was Küken eben so spielen. Schließlich kaufte ich ein paukenloses, aber immerhin gelbes Küken, das übertrieben optimistisch aussah.

Irgendwie habe ich jetzt den Faden verloren, das ist anscheinend schon wieder das Eichhörnchen in mir, von dem ich aber ab sofort ausführlich und ausschließlich sprechen will.

Das Eichhörnchen hat dem Affen übrigens noch etwas voraus. Es lässt sich niemals bunte Hosen anziehen, um dann in Serien wie „Unser Charly“ von schlechten Schauspielern herumgeschubst zu werden. Wenn man ein Eichhörnchen sieht, erweckt es meistens einen ungeheuer beschäftigten Eindruck. Es flitzt in langen Sätzen über die Straße, springt von einem Baum zum anderen, untersucht Gartenfrüchte und Samen. Das Tier ist in einer steten Vorwärtsbewegung begriffen. Etwas Rückwärtsgewandtes wie Einparken käme ihm nicht in den Sinn. Wenn Eichhörnchen Autofahren könnten, würden sie den Wagen auch niemals einparken, sondern vergraben.

Beim Eichhörnchen wirkt alles irgendwie spielerisch und doch hochkonzentriert und schwer beschäftigt. Das Eichhörnchen bewahrt außerdem in allen Situationen eine vorbildliche Haltung. Niemals bettelt ein Eichhörnchen um Futter, es ist immer der Mensch, der darum bettelt, das Eichhörnchen füttern zu dürfen. Wir empfinden es als ein großes Glück, wenn uns ein Eichhörnchen seine Gunst erweist. Eichhörnchen setzen tatsächlich Glückshormone frei. Der Anblick eines Eichhörnchens hat eine stimmungsaufhellende Wirkung, deshalb beschäftigt man sie inzwischen gezielt zur Therapie von Depressionen. Die Tiere sind Allesfresser; neben Beeren,

Nüssen und Samen greifen sie auch zu Vogeleiern, Regenwürmern und Jungvögeln und verzehren sogar giftige Pilze, mit oft erheblicher halluzinogener Wirkung. Viele Eichhörnchen sind demnach drogenabhängig und nur dank fortgesetztem Pilzgenuss zu Sprüngen von über fünf Metern fähig.

Die heimliche Krone der Schöpfung

RABENVÖGEL *{Corvidae}*

Von Krähen weiß man, dass sie zu den klügsten Vögeln gehören und man sieht es ihnen auch an. Krähen haben Haltung, an ihnen ist nichts Geducktes, Scheues oder gar Heimlichtuerisches. Es gibt sehr viele Rabenkrähen in meiner näheren Umgebung. Sie sitzen auf Dächern, Bäumen, Zäunen, sind in der Luft und ärgern Mäusebussarde, patrouillieren über Rasenflächen und inspizieren Blumenbeete. Sie machen den Eindruck, alles unter Kontrolle zu haben. Wenn Rabenkrähen anderweitig beschäftigt sind, lassen sie sich gerne durch Elstern oder Eichelhäher vertreten, die zu den häufigsten Singvögeln in unseren Gärten geworden sind. Jedenfalls wollen sie uns das glauben machen. So eifrig, wie der Eichelhäher mein Vogelhäuschen besucht, könnte er tatsächlich als Singvogel durchgehen. Er bringt allerdings nur ein paar hässliche Krächzlaute zustande, die ähnlich wie bei der Elster eine beachtliche Lautstärke entwickeln, sodass man durchaus um 5.00 Uhr morgens davon aufwachen kann.

Es ist nicht richtig, Eichelhäher nach menschlichen Maßstäben zu beurteilen. Dass, was uns wie Gekrächze vorkommt, gilt bei ihnen wahrscheinlich als Gesang. Ich habe einmal einem Eichelhäher bei der Fütterung seiner Jungen zugesehen, wobei er die zärtlichsten Lockgeräusche von sich zu geben versuchte, was immer noch sehr rau klang, mich aber zutiefst rührte. Man muss sich um diese Vögel nicht die geringsten Sorgen machen, sie sind robust, durchsetzungsfähig und in der Lage, alle Singvogelnester in der Umgebung auszuräumen.

Als Kind erschien mir der Eichelhäher neben dem Pirol als der wunderbarste Vogel. Ich kannte ihn nur von Abbildungen in dem bereits erwähnten kleinen Heftchen, das ich von der Stadtsparkasse Bielefeld zum Weltspartag bekommen hatte und das den Titel „Unsere Vogel-Welt“ trug. Dort wurde dem Eichelhäher eine besondere Stellung eingeräumt und zwar mit diesen Worten: „Klug ist er, der Eichelhäher. Fleißig sammelt er Eicheln, Nüsse, Buchenkerne, um für karge Zeiten eine Reserve zu haben. Der gefiederte Sparer bringt das Gesammelte in sichere Verstecke und zehrt von seinem Vorrat, wenn es nötig ist. Diese planvolle Vorsorge ist für den Eichelhäher Naturgesetz, für uns denkende Menschen aber führt vernünftiges Überlegen zum gleichen Ergebnis. Auch wir sollten in Zeiten des Überflusses genügend zurücklegen für den Notfall. Nur – verstecken wollen wir unser Erspartes nicht: Wir bringen es zinsbringend und sicher auf das Sparkonto. Klug ist, wer spart.“

In Zeiten der Bankenkrise scheint es inzwischen angemessener, sein Geld vom Eichelhäher sicher verstecken zu lassen. Überhaupt sollte der Vogel in unserer Gesellschaft eine viel bedeutendere Rolle spielen. Beobachtete man beispielsweise die Diskussionen um die Nachfolge des überraschend zurückgetretenen Horst Köhler, fragte man sich unwillkürlich: Warum eigentlich kein Tier? Ein Tier als Bundespräsident, das wäre jetzt genau das richtige Signal an eine immer stärker verunsicherte Natur, damit würde man aber auch den Bürgern eine Rückkehr zu Ursprünglichkeit und Einfachheit signalisieren. Und da würde ich unbedingt den Eichelhäher vorschlagen. Er überzeugt durch seinen selbstbewussten Auftritt in Vorgärten und Vogelhäuschen und, was viel wichtiger ist, er gilt als der „Warner des Waldes“. Das ist ja eigentlich die Hauptfunktion eines Bundespräsidenten: er mahnt und warnt und warnt. Wie der Eichelhäher, der darüber hinaus aber noch durch ein buntes Federkleid besticht. Der Eichelhäher legt umfangreiche Nahrungsdepots an und könnte in Notzeiten das ganze

Kabinett mit schmackhaften Bucheckern und Engerlingen versorgen. Dieser Vogel ist alternativlos und darum fordere ich: Der nächste Bundespräsident muss nun aber wirklich ein Eichelhäher sein!

Als außergewöhnlich intelligent gelten die neukaledonischen Krähen, denn sie beherrschen die Kunst der Werkzeugherstellung. Die tatsächlich äußerst gewitzt aussehenden Vögel nehmen nicht nur irgendein Stöckchen und stochern damit herum, sondern biegen und spalten sich das Stöckchen für ihre Zwecke zurecht. Ein Film zeigte unlängst zuerst eine Krähe in Gefangenschaft, die an ein mit Nüssen gefülltes Eimerchen mit Henkel, das in einer Röhre steckte, herankommen musste. Ein Stöckchen lag bereit, aber damit war der Henkel nicht zu packen. Die Krähe begriff das auch sofort, schnappte sich das Werkzeug und bog sich daraus einen Haken zurecht, mit dem sie den Eimer problemlos aus der Röhre ziehen konnte. In freier Wildbahn fertigen die neukaledonischen Krähen aus Palmblättern hochkomplexe Werkzeuge, mit denen sie auch aus unzugänglichen Winkeln die Maden herausfischen können. Es sind wirklich erschreckend schlaue und geschickte Tiere.

Vor Kurzem machte ich einen Ausflug mit einigen Freunden. Es war eine Art Dienstreise an den Tegernsee, es galt eine Ausstellung mit Bildern der Neuen Frankfurter Schule zu eröffnen. Man trank das gute Tegernseer Bier und aß die kräftigen Speisen der Region. Mehrere Mitglieder der Reisegruppe hatten am ersten Abend auch noch die Obstbrände der Region verkostet und waren dabei so gründlich vorgegangen, dass man ihnen sicherheitshalber schon zum Frühstück am nächsten Morgen die Rechnung präsentierte, es handelte sich anscheinend um den Monatsumsatz des Hotels und man befürchtete, dass wir uns im Laufe des Tages zahlungsunfähig trinken würden.

Am Abend lud uns der Organisator der Ausstellung zum Essen ein. Ich nahm eine halbe Portion Züngerl zu mir, weil ich so etwas einfach mal essen wollte. Die Schweinelunge war klein geschnitten, wie sie vorher ausgesehen hatte, ließ sich nicht mehr rekonstruieren. Angemacht war sie mit Zwiebeln, Essig und Gurken und zwei Semmelknödel schwammen auch noch drin. Ob die Knödel sich bereits zu Lebzeiten des Schweines in seiner Lunge befunden hatten und man deshalb darauf schließen konnte, dass es ein guter Sänger gewesen sein musste, weiß ich nicht, dazu verstehe ich zu wenig von Knödeltenören. Die dickliche Lungensuppe hatte eine dunkel bräunliche Farbe, weshalb ich zuerst sogar glaubte, das Schwein sei ein starker Raucher gewesen, aber es schmeckte sehr gut und überhaupt nicht nach Tabak. Dazu tranken wir einen hervorragenden italienischen Weißwein und unser Gastgeber achtete darauf, dass wir rechtzeitig wieder aufbrachen, damit wir genug Schlaf bekamen und nicht alle am nächsten Morgen mit roten Augen und heiseren Stimmen die feierliche Ausstellungseröffnung ruinierten.

Die Hotelleitung hatte diesmal den Zugang zum Schnapslager mit einem Rollgitter versperrt. Wir standen in der kleinen Hotelhalle, niemand vom Personal war mehr zu sehen, und das schmiedeeiserne Tor zum Rezeptionsraum war ebenfalls verschlossen. Dort hing der Schlüsselkasten über einem Tresen an der Wand und am Schlüsselkasten hing der Schlüssel für Zimmer Nummer 10, der Schlafstätte von Anna Poth, der genialen Witwe des Zeichners Chlodwig Poth. Niemand hatte sie daran erinnert, den Schlüssel beim Verlassen des Hotels mitzunehmen, und nun drohte ihr entweder eine Nacht auf dem Sofa der Hotelhalle oder im Smart von Hans Traxler.

Die schmiedeeisernen Verzierungen ließen zwar genug Raum, um den Arm durchzustrecken, aber man erreichte nicht den Schlüsselschrank und konnte auch nicht sehen, wie die Schlüssel dort positioniert waren, weil der Schrank uns praktisch den Rücken zuwandte, also wir standen seitlich hinter ihm und vor der verschlossenen Tür. Schon wurden hektische Telefonate geführt, man versuchte vergeblich, die Hotelleitung zu erreichen und bat unseren Gastgeber um

Hilfe. Währenddessen durchsuchte ich den Raum und fand an der Garderobe einen alten Spazierstock. Damit verlängerte ich meinen Arm und klopfte den Schlüsselkasten ab. Es gelang mir, einen Schlüssel so weit anzuheben, dass er vom Haken glitt und auf den Tresen fiel. Mit dem Stock zog ich ihn bis an den Rand, von wo er auf den Boden rutschte. Jetzt war es ein Leichtes, ihn ganz zu sich heranzuziehen, mit der Hand durch die Tür zu greifen und den Schlüssel für Zimmer Nr. 15 in Besitz zu nehmen. Der Falsche! Ich wiederholte die Aktion, setzte etwas weiter oben an, holte erneut einen Schlüssel vom Haken und diesmal war es die ersehnte Nr. 10.

Anna Poths Nachtruhe war gerettet und ich zur Legende geworden. Man beschloss spontan, zur Feier der wunderbaren Schlüsselrettung, alle Minibars leerzuräumen und den Inhalt auf dem großen Tisch in der Hotelhalle aufzubauen und zügig zu dekantieren.

Als ich mir jetzt den Raum genauer ansah, bemerkte ich unzählige antike Schür- und Feuerhaken an der Wänden, viele auf seltsamste Art verbogen und verdreht. Anscheinend war dieses Hotel in Wirklichkeit ein Labor. Wir wurden von Verhaltensforschern beobachtet, die sich hinter doppelten Wänden und Böden verborgen hielten und die unsere kognitiven Fähigkeiten testen wollten. Vielleicht handelte es sich sogar um außerirdische Verhaltensforscher. Falls sie bei uns kein Zeichen von Intelligenz festgestellt hätten, wäre am nächsten Tag die Erde vernichtet worden. Doch die Menschheit wurde gerettet, dank der schlauen und geschickten Art, mit der ich von dem Spazierstock Gebrauch gemacht hatte. Dabei hatte ich den Trick gerade erst von einer neukaledonischen Krähe gelernt.

Allerdings war meine Leistung geringer, weil ich mir das Werkzeug nicht erst zurechtbiegen musste. Genau wie die Krähe war ich aber sogar an versteckte Nahrung herangekommen, obwohl das Zeug aus der Minibar scheußlich schmeckte, und es war noch nicht mal ein Eimerchen mit Nüssen dabei.

Die beliebtesten Wertanlagen bei Elstern

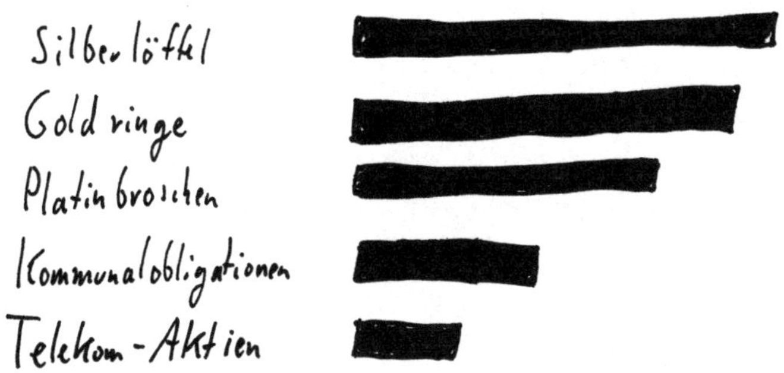

Keine Spaghetti für Gedächtniskünstler

ASIATISCHER ELEFANT *{Elephas maximus}*

In der Elefantenanlage von Hagenbeck haben die Tiere reichlich Auslauf, aber am Samstag um 14.00 Uhr stehen sie nur am Graben und strecken ihre Rüssel nach den Besuchern aus. Vier asiatische Elefanten balancieren am äußersten Rand des Randes und versuchen, ihren Zuschauern so nahe wie möglich zu kommen, ohne in den drei Meter breiten und ebenso tiefen Graben zu fallen. Es sind insgesamt vier erwachsene und zwei Jungtiere. Vor der Anlage warnen Schilder: „Bitte keine Spaghetti, kein Brot und keine Kekse füttern." Außer den Elefanten schnüren noch drei Tierpfleger in grüner Hagenbecktracht durch die Anlage. Sie sind mit schlagstockartigen „Elefantenhaken" bewaffnet und werfen wilde Blicke ins Publikum. Die erwachsenen Elefanten sind alles Kühe. Die Pfleger sind ausnahmslos Männchen.

Von Zeit zu Zeit ruft einer: „Keine Spaghetti!" oder auch „Kein Brot!" Die rohen Spaghetti sind sehr beliebt, weil man mit der dreißig Zentimeter langen Nudel den Raum zwischen der fütternden Hand und dem fordernden Rüssel besser überbrücken kann. Die Elefanten sollen keine Teigwaren essen, weil sie sonst zu dick werden. Ein äußerst schlechtgelaunter Tierpfleger sammelt den Kot, der regelmäßig hinten aus den Elefanten herausfällt, weil ihnen die Besucher ständig vorne etwas reinwerfen. Meistens Mohrrüben, aber auch Salat und Futter aus einer Packung, auf der steht „für unsere großen und kleinen Lieblinge". Der Pfleger kehrt und füllt eine Schubkarre, dabei wird er bedrängt vom jüngsten der Elefanten. Der kleine Elefant hat viel Zeit für Blödsinn, weil sein Rüssel zu kurz zum Grabenüberbrücken ist. Er knufft den Schubkarrenmann und rüttelt an der Karre. Der Mann knurrt. Ein anderer kommt ihm zur Hilfe und vertreibt den Kleinen. Einer der Elefanten sieht staubiger und ausgebleichter als die übrigen aus. Zwischen ihm und den anderen liegen immer zwanzig Meter Abstand. Er hat eine akrobatische Technik entwickelt, bei der er drei Viertel seines Körperfettes in sein Hinterteil verlagert. In der Mitte ist sein Körper geknickt, als habe er ein Scharnier. Die Vorder- und Hinterbeine stehen im spitzen Winkel zueinander und bilden mit der Unterseite des Körpers ein gleichschenkliges Dreieck. Die vordere Hälfte des staubigen Elefanten reicht deshalb weit über den Graben, er braucht keine Spaghetti. Wenn er seine Position verlässt, ist sofort ein Tierpfleger an seiner Seite und begleitet ihn. Man könnte glauben, es handelt sich um einen kriminellen Elefanten auf Freigang. Sobald er wieder am Grabenrand Aufstellung genommen hat, wendet sich der Pfleger erleichtert dem Publikum zu und ruft: „Kein Brot!“ Ist die Nahrungszufuhr unterbrochen, winken die Elefanten den Besuchern aufmunternd mit ihren Rüsseln zu. Der Ausgebleichte deutet sogar direkt auf bestimmte Personen, von denen er sich gerne füttern lassen würde. Die anderen drei führen eine Art Pantomime vor, bei der sie den Rüssel ins Leere strecken und dann ans Maul führen, so als wollten sie zeigen, wie es wohl aussehen könnte, wenn man ihnen etwas zu essen gibt. Wenn sie die Pantomime beendet haben, wiegen sie den Kopf in bedächtiger Hektik, schwenken den Rüssel vorwärts und ihren Schwanz seitwärts.

Der Elefant hat insgesamt neun Körperteile, die er in verschiedene Richtungen bewegen kann, den Kopf, den Rüssel, den Schwanz, zwei Ohren und vier Beine. Für einen kurzen Moment geht ein Elefant bis zur Mitte der Anlage, nimmt mit dem Rüssel etwas Sand auf und wirft ihn sich über den Körper.

Wie bei den Elefanten gibt es auch bei den Pflegern eine Rangordnung. Das mächtigste Exemplar mit einem imponierenden Schnauzbart ist eindeutig das Alphatier. Mit herrischer Geste schickt es den jüngsten Mitarbeiter in die Grube, damit er da mal sauber macht.

Ein kleines Mädchen erklärt ihrer Mutter: „Soll ich dir mal sagen, wie alt Oma war, als sie ausgewachsen war? Vierzehn war die!“ Eine Dohle fliegt in einen Drahtpapierkorb und sucht nach Essbarem. Der kleine Elefant schubst den mittelgroßen. Ein Pfleger ruft: „Keine Spaghetti!“ Eine Frau mit rot gefärbten Haaren hat eine große Tüte Mohrrüben mitgebracht. Der ausgebleichte Elefant nimmt sie im Sekundentakt entgegen und lässt sie im Maul verschwinden. Elefanten erinnern sich an alles. Sie vergessen kein Piercing, kein Tattoo und keine modische Entgleisung. Trotzdem strecken sie ihre Rüssel den Besuchern auch noch um 15.30 Uhr entgegen. „Das sind alles 1-Euro-Jobber“, sagt ein Mann und man vermutet unwillkürlich, in den Elefanten stecken Arbeitslose. Aber er meint die Tierparkmitarbeiter. Unsere Zeit ist um und außerdem haben wir Hunger. Wir wenden uns zum Gehen und wickeln ein mitgebrachtes Schinken-Käse-Sandwich aus. Eine Stimme ruft: „Kein Brot!“

Tiere, die im falschen Körper geboren wurden

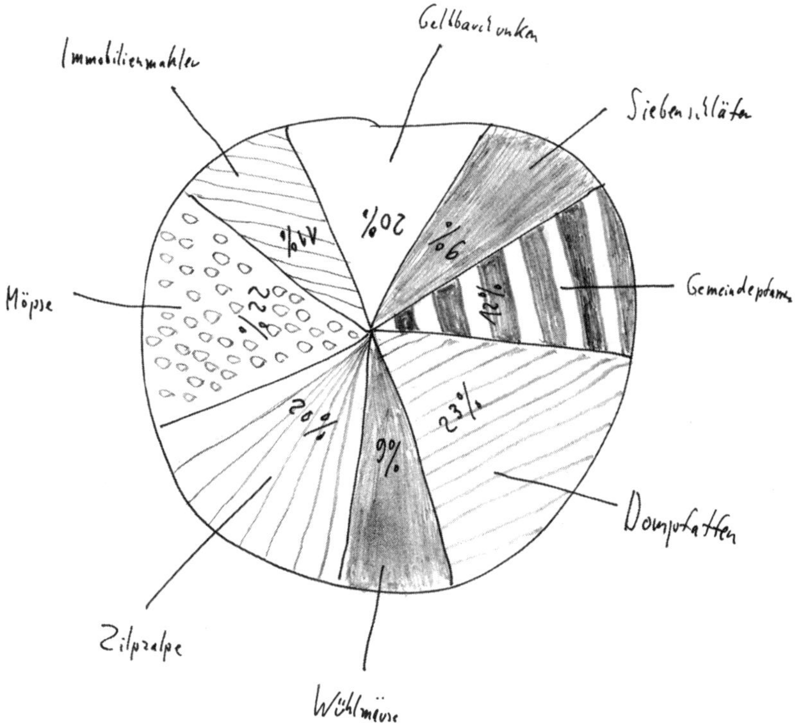

2 | HAUS UND FLUR

Der Autor macht einen kurzen Rundgang durch seine Immobilie und erkennt, dass dort mehr Tiere als Menschen wohnen. Er hat sie nicht eingeladen, sie sind aber trotzdem gekommen. Einige sind auch draußen geblieben und leben eher unter der Erde, was die Beobachtung allerdings etwas erschwert. Doch manche Tiere muss man gar nicht sehen, man muss sie sich nur vorstellen.

Eine Frage des Gewissens

MAUS *{Mus musculus}*

Mäuse hört oder riecht man oft, bevor man sie dann wirklich sieht. Sie rascheln im Wald neben dem Weg oder im Gartenbeet, oder aber sie verströmen einen leicht stechenden Geruch, wenn sie schon mehrere Tage tot im Heizungskeller liegen, in den sie durch den Lüftungsschacht gelangt sind. Mäuse wirken immer extrem beschäftigt. Noch viel stärker als beim Kaninchen in „Alice im Wunderland“ drückt ihr Benehmen aus: „keine Zeit, keine Zeit“. Und gemessen an ihrer geringen Lebenserwartung verhalten sie sich auch genau richtig.

Mäuse sind überall von Feinden umgeben und einer ihrer schlimmsten war ich: Das war vor mehr als einem Vierteljahrhundert. Damals hatte ich ein sehr enges Verhältnis zu Mäusen, denn wir arbeiteten bis zu einem gewissen Grad zusammen. Unser Arbeitsplatz war die Vogelpflegestation Leiferde bei Gifhorn, wo eben nicht nur Vögel gepflegt, sondern auch Mäuse und Ratten gezüchtet wurden, die dann wieder zur Pflege der Vögel eingesetzt wurden. Das hieß, man musste von Zeit zu Zeit eine Maus aus dem Zuchtbehälter entnehmen und ihr „die Kante geben“. So nannte man das. Ich habe diesen rohen Ausdruck nicht erfunden, er wurde mir von älteren Kollegen beigebracht. Man packte die Maus am Schwanz und versuchte sie kurz und knapp gegen die Kante der Tiefkühltruhe zu schlagen, sodass sie nach Möglichkeit sofort tot war. Das ging mit Ratten nicht ganz so einfach.

Eines Morgens wurden uns vier junge Schleiereulen gebracht, die nur von Flaum bedeckt waren und sehr hilflos wirkten. Mein

Vorgesetzter sagte: „Maus klein schneiden und nur die Innereien verfüttern.“ Das war es, was ich die nächsten Wochen machte. Ich gab reihenweise Mäusen die Kante, schnitt sie auf und verfütterte Mäuseherzen an die Eulen, die alles gierig herunterschlangen.

Oft musste ich daran denken, wie ich im Rahmen meiner Wehrdienstverweigerung der Prüfungskommission bei der sogenannten Gewissensprüfung erzählt hatte, dass ich niemals in die Situation kommen wollte, wo ich gezwungen sei, über Leben und Tod von jemand zu entscheiden. Von jemand, den ich gar nicht kannte und den irgendeine Autorität zum Feind erklärt hatte. Ich kam mir im Rückblick wie ein wimmerndes, würdeloses Weichei vor. Zur Strafe für meinen schlecht geheuchelten Auftritt war ich nun in einer Mäusetötungsanstalt beschäftigt.

Am Ende meiner Zivildienstzeit hatte ich Dutzende, vielleicht Hunderte auf dem Gewissen. Und es waren noch nicht mal Feinde. Ich glaube jedenfalls, sie hatten nichts gegen mich. Ich arbeitete nun mal nicht auf einer Mäusepflegestation, sondern auf einer Vogelpflegestation, wo das Leben einer Schleiereule hundertmal mehr galt als ein Mäuseleben. Die Schleiereulen entwickelten sich übrigens prächtig, sie hatten immer einen Riesenappetit und bald schlangen sie immer größere Mausteile hinunter. Obwohl sie handaufgezogen waren, wurden sie kein bisschen zahm. Dankbarkeit war ein Fremdwort für sie. Sie hatten sehr viel mehr Würde als ich.

Ich hoffe nicht, dass ich es eines Tages noch erlebe, wie Mäuse durch einen radioaktiven Fallout riesengroß werden. Und um sich für das erlittene Unrecht zu rächen, Menschen in putzigen kleinen Reihenhäusern züchten und Experimente an ihnen durchführen. Wenn sie die Menschen dann nicht mehr brauchen, möchte ich lieber nicht darüber nachdenken, was sie dann mit mir machen. Ich kann nur sagen, das mit der Kante tut mir sehr leid. Und ich habe nur Befehle ausgeführt.

Tiere, die sich von Tortengrafiken ernähren

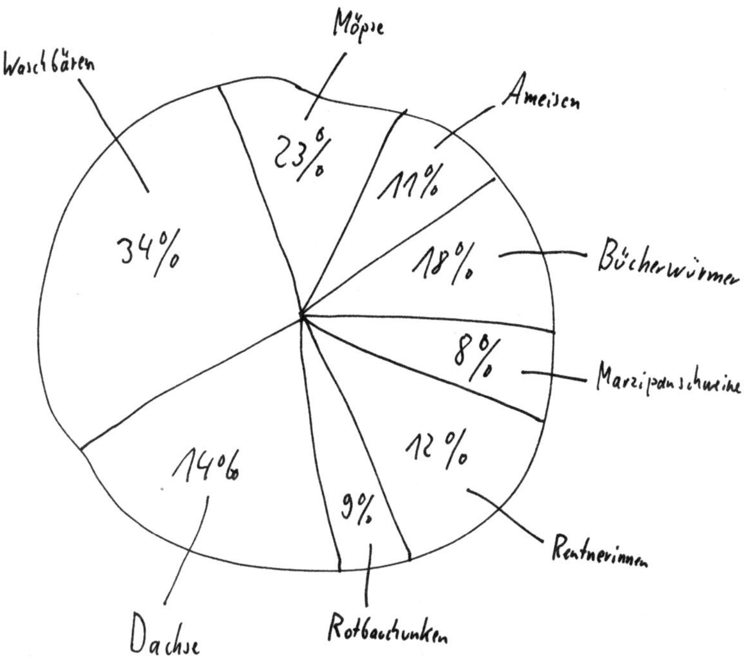

Die Mahner der Küchenschublade

MEHLMOTTE *{Ephestia kuehniella}*

Die Mehlmotte ist das Segelflugzeug des kleinen Mannes. Wer mit einer solchen These an die Öffentlichkeit tritt, wird sich kaum Freunde machen. Obwohl sich nicht viele Menschen ein Segelflugzeug leisten können, aber für Mehlmotten reicht es bei jedem. Ihre Anschaffung ist wirklich extrem kostengünstig, oft werden sie in einer Packung Grieß oder Grünkern vom örtlichen Bioladen gratis mitgeliefert. Nach einigen Wochen bemerkt man dann plötzlich viele Mehlmotten, die in der Küche oder auch im Keller herumflattern und dann ist Spürsinn gefragt. Es kommt jetzt darauf an, die Brutstätte der Mehlmotten ausfindig zu machen und das ist selten Mehl und so gut wie nie Zucker, jedenfalls in unserem Haushalt. Mehlmotten lieben vor allem den Klebstoff in den Verschlussfalten von Lebensmittelpackungen, eine ökologische Nische, die ihnen so schnell niemand streitig macht, ich möchte da jedenfalls nicht wohnen.

Haushaltsratgeber empfehlen, einfach alles in Gefäßen mit Schraubverschlüssen zu lagern und damit dürfte die Mehlmotte wahrscheinlich nicht nur das Segelflugzeug des kleinen Mannes, sondern auch der Jobmotor der Schraubverschlussindustrie sein. Erscheint mir nicht ausgeschlossen, dass die Hersteller dieser Gefäße gezielt Mehlmotten aussetzen, um die Nachfrage anzukurbeln. Ich kann mich gar nicht erinnern, dass es in meiner Kindheit Mehlmotten gab und wir hatten gar keine Schraubgefäße. Aber vielleicht lebten wir in einem Haus mit Schraubdeckel, da müsste ich mal meine Mutter fragen.

Mehlmotten sorgen dafür, dass es in unseren Küchenschubladen immer aufgeräumt aussieht. Es ist durchaus spannend, herauszufinden, wo die Mehlmotten herkommen. Im letzten Jahr fanden wir sie in einem Körbchen mit Walnüssen, aber sie waren auch mal im Kräutersalz und im Soßenbinder. Sie sind nie da, wo man sie eigentlich vermutet. So wie der Eichelhäher früher einmal der Warner des Waldes war, ist die Mehlmotte der Mahner der Küchenschublade, denn sie entwickelt sich natürlich am besten in Packungen, die selten oder nie benutzt werden. Wie zum Beispiel Grieß, der bei uns etwa zweimal im Jahr unbedingt gekauft werden muss, aber dabei nie aufgebraucht und deshalb von den Mehlmotten als Brutstätte ausgewählt wird. Wenn man das entdeckt, wirft man den Grießrest weg und kauft irgendwann eine neue Packung. Ich habe manchmal das ungute Gefühl, ich kaufe den Grieß nur, weil die Mehlmotten es wollen. Mehlmotten können sich bei guten Bedingungen viermal im Jahr fortpflanzen, das heißt im Oktober erlegt man schon Exemplare aus traditionsreichen alten Mehlmottengeschlechtern.

Wie bei allen Motten ist es längst zu spät, wenn man sie sieht, dann haben sie sich bereits verpaart und ihre Eier in der Grießpackung abgelegt. Man schlägt sie trotzdem gerne tot, weil man sich irgendwie abreagieren muss. Dabei hinterlassen sie so schwarzbraune staubige Streifen. Es ist relativ einfach, eine Mehlmotte zu töten, es ist ein billiger Triumph. Man wird es aber nie schaffen, der Motte die Fortpflanzungsgrundlage zu entziehen, es sei denn, man erfindet Schraubdeckeldächer.

Zur Bekämpfung der Mehlmotte empfiehlt das „Lexikon der Schädlinge“ einen Klebestreifen mit Sexualpheromon präpariert, an dem die Motten hängenbleiben. Für Menschen sei das Sexualpheromon nicht wahrnehmbar und absolut ungefährlich. Ich bin allerdings im Keller schon mal an so einer Klebefalle hängen geblieben. Was das bedeutet, möchte ich lieber nicht aussprechen.

Warten auf den richtigen Auftritt

WESPE *{Vespula Vulgaris}*

Sieht man Menschen, die heftig um sich schlagen und versuchen, unsichtbare Gegenstände zu verscheuchen, dann ist immer eine Wespe der Grund für dieses leicht irrsinnige Verhalten. Außerirdische, die solche Szenen beobachten, müssen zu dem Schluss kommen, dass die Wespe das mächtigste Tier, vielleicht sogar das mächtigste Wesen Deutschlands ist. Sie hat den einheimischen Menschen im Griff und löst Flucht- und Verteidigungsreflexe aus, die meist sehr jämmerlich wirken. Bei vier Leuten, die um einen Tisch sitzen und fuchteln, schlagen, wedeln und dazu mit Kuchengabeln in die Luft stechen, ist auch immer einer dabei, der versucht, die anderen zu beruhigen: „Einfach weiteressen, gar nicht drum kümmern, sonst reizt du sie. Nicht schlagen, lass sie doch einfach ein Stück vom Kuchen essen". Diese Klugscheißer werden oft als Erste gestochen, dafür hat die Wespe anscheinend ein sehr feines Gespür.

Die Wespe hält sich mit ihrem richtig großen Auftritt zurück, bis der Sommer fast vorbei ist und man denkt, dass ja dieses Jahr nur sehr wenige Wespen unterwegs waren. Darauf warten die Wespen, um dann umso erbarmungsloser zuzuschlagen. Sie kommen gerne, wenn man den ersten Pflaumenkuchen in den Strahlen der Spätsommersonne zu sich nehmen will. Dann sind sie plötzlich zu Dutzenden in der Luft, nehmen den Kuchen in Beschlag und lassen sich auch nicht durch das geschickteste Gefuchtel vertreiben. Das ist besonders hinterhältig, weil diese Spätsommertage in unserem von

Sonnentagen nicht gerade verwöhnten Land besonders schön sind. Man sitzt im Freien und tankt noch einmal Energie für den langen siebenmonatigen Winter, der uns bevorsteht. Ruhe, Ausgeglichenheit und Entspannung, das ist es, was der Mensch sucht, und stattdessen muss er mit bösartig summenden Wespen kämpfen. Ein Stich der Tiere ist sehr schmerzhaft und setzt Alarmpheromone frei, die wiederum andere Wespen anlocken und zu weiteren Stichen anregen. Der Stachel der Wespe besitzt keine Widerhaken und ist dadurch beliebig wiederverwendbar.

Es sind wahrscheinlich nur nostalgische Überlegungen, weswegen die Wespen über den Pflaumenkuchen herfallen. Eigentlich essen sie viel lieber Schinken. Das ist schon ein sehr beeindruckender Anblick, wie sie große Stücke von einem Stück Schinken abreißen und damit irgendwohin fliegen, wo noch mehr Wespen gelagert sind.

Wespen gehören zu den staatenbildenden Insekten und stehen damit den Deutschen nahe, die ja vor gar nicht so langer Zeit einen neuen Staat gebildet haben. Mit dem Deutschen teilen sie auch die Leidenschaft für Pflaumenkuchen und Schinkenbrote. Es ist ein harter Konkurrenzkampf, den der Deutsche wahrscheinlich auf die Dauer nicht gewinnen kann. Es gibt einfach mehr Wespen als Deutsche.

Die Wespen sind auch deshalb verstärkt im Herbst unterwegs, weil sich dann die Nester auflösen und die Arbeiterinnen Zeit haben, die Deutschen zu piesacken. Tatsächlich sind es nur zwei Arten, die extrem zudringlich werden, und sie heißen nicht zu Unrecht die Deutsche Wespe und die Gemeine Wespe. Es ist nicht auszudenken, welchen Bedrohungen wir ausgesetzt wären, wenn sich diese beiden Arten einmal verbinden und als hundsgemeine deutsche Wespen die Schinkenbrotreserven unseres Landes vernichten.

Der natürliche Feind der Wespe ist der Wespenbussard, der vor den Stichen durch ein dichtes und steifes Gefieder geschützt ist. Auch der Neuntöter betätigt sich tapfer in der Wespenbekämpfung, beide Vögel sind allerdings in Deutschland eher selten, was man ja unter anderem an den vielen Wespen auf dem Pflaumenkuchen merkt. Die Regierung sollte Förderprogramme und Nisthilfen für junge Neuntöterfamilien anbieten und Nestbaugeld für Wespenbussarde. Das wären sinnvolle Investitionen, die uns einen störungsfreien Spätsommer ermöglichen würden. Leider verlässt uns der Wespenbussard schon im August Richtung Afrika, also gerade dann, wenn er hier am nötigsten gebraucht würde. Vielleicht überlegt er es sich ja im Zuge der Klimaerwärmung noch mal anders.

Dornröschenschlaf in den Bananen?

FRUCHTFLIEGEN *{Drosophila melanogaster}*

Wenn man sich einsam fühlt, wenn man sich wünscht, dass es etwas lebhafter im Hause zuginge, dann sollte man eine Schale Obst vorrätig haben. Die Früchte lässt man altern und faulen und plötzlich hat man Gesellschaft: Fruchtfliegen. Es ist ein Rätsel, wo die plötzlich herkommen. Sind die immer schon im Obst drin und wachen erst auf, wenn der Fäulnisprozess beginnt? Oder lauern die irgendwo in der Wohnung auf ihre große Stunde? Sie scheinen sich minütlich zu vermehren. Ganze Schwärme können aus einer Obstschale aufsteigen, ein schönes Bild. Es hilft auch, eine Weinflasche offen stehen zu lassen, allerdings hat man optisch davon nicht allzu viel, weil die Tiere darin ertrinken. Die Weinflasche scheidet als Nistkasten für Fruchtfliegen aus, es ist eher eine Fruchtfliegenfalle. Oft merkt man es erst, wenn man sich ein Glas einschenkt. Die Fruchtfliege ernährt sich von den Gärstoffen, die braucht sie zum Leben und damit ist sie dem Menschen durchaus ähnlich. Deshalb arbeitet sie in der Wissenschaft. In Forschungslaboren gibt es mehr Fruchtfliegen als Forscher.

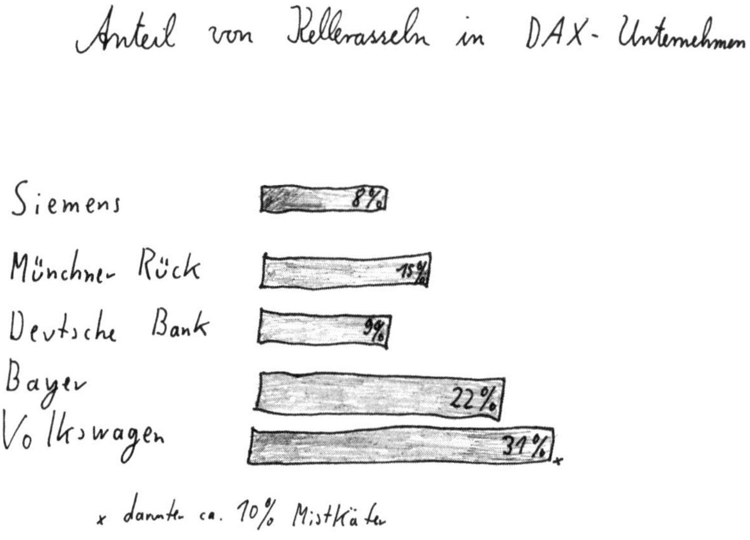
Anteil von Kellerasseln in DAX-Unternehmen
Siemens
8%
Münchner Rück
15%
Deutsche Bank
9%
Bayer
22%
Volkswagen
31%*
* darunter ca. 10% Mistkäfer

Ungefährliche Parallelgesellschaften

KELLERASSEL *{Porcellio scaber}*

Wer wissen will, wie das ist, plötzlich und unangemeldet in eine Gesellschaft hereinzuplatzen, der sollte mal eine Platte, einen Stein oder nur ein Stück Holz im Garten hochheben. Darunter befindet sich immer ein ungeheures Gewimmel von Kellerasseln, die hektisch nach allen Seiten auseinanderstreben. Schon nach wenigen Sekunden sind kaum noch welche zu sehen. Sie sitzen auch gerne unter Blumentöpfen oder den Betonfüßen von Sonnenschirmen, immer dort, wo es feucht und dunkel ist.

Die Kellerasseln haben da unter dem Stein einen eigenen Staat aufgebaut, der wahrscheinlich nach anarchistischen oder demokratischen Regeln regiert wird, es gibt keine Königin, keine Arbeiter oder Drohnen. Kellerasseln sind eher Freiberufler, wobei es wohl zu weit führen würde, die Kellerasseln als die FDP-Mitglieder der Tierwelt zu bezeichnen. Sie beschäftigen auch keine Blattläuse, um sie auszusaugen, so wie es Ameisen gerne tun.

Von sehr weit oben betrachtet, wirkt das Treiben der Menschen wahrscheinlich ähnlich wie das Gewimmel der Kellerasseln. Irgendjemand fragt sich dann auch: Wozu laufen die da ständig hin und her und warum leben sie nicht unter schönen feuchten Steinplatten? Das liegt daran, dass der Mensch überhaupt nicht an so ein Leben angepasst wäre, er ist an einigen ungünstigen Stellen viel zu stark gewölbt, um unter einer Gehwegplatte zu leben. Im Gegenzug werden seine technischen Geräte aber immer flacher, sodass er auch unter dem Pflasterstein fernsehgucken oder telefonieren könnte. Vielleicht deuten sich hier bereits evolutionäre Veränderungen an. Die Kellerasseln sind möglicherweise kurz davor, uns als Krone der Schöpfung abzulösen, und wenn es denn so weit wäre, hätten sie wenigstens schon mal die passenden Fernseher und Mobiltelefone.

Bis dahin beschäftigen sich die Tiere hauptsächlich mit dem Beseitigen abgestorbener Pflanzen. Ohne Kellerasseln würden wir wahrscheinlich längst unter einer riesigen Schicht abgestorbener Blätter erstickt sein. Kellerasseln sind keine Insekten, sondern gehören zur Gattung der Höheren Krebstiere. Sie stammen eigentlich aus dem Meer, deshalb lieben sie es feucht. Kellerasseln sind so etwas wie die Botschafter der Meere in unserem Keller, sie tragen das Rauschen der Ozeane in sich. Aber sie meiden trotzdem das Wasser, weil sie tragischerweise nicht schwimmen können.

Bei Gefahr rollen sich Kellerasseln zusammen und stellen sich tot. Eine Methode, die durchaus erfolgreich sein muss, denn es gibt ziemlich viele Kellerasseln. Es ist das einzige Tier, von dem ich sicher wüsste, dass ich innerhalb einer Minute in meiner näheren Umgebung eins finden würde. Daraus muss man nicht unbedingt schließen, dass Kellerasseln die Nähe des Menschen suchen. Aber sie meiden ihn auch nicht.

Kellerasseln können leicht mit Saftkuglern verwechselt werden, die beim Zusammenrollen auch noch den Kopf in der Kugel verbergen. Außerdem scheiden sie dabei ein Sekret aus, was ihnen ihren Namen eingebracht hat.

Der Gerandete Saftkugler war mal das „Wirbellose Tier des Jahres 2006". Falls Ihnen auch mal jemand so einen Titel verleihen will, sollten Sie sich ernsthaft fragen, ob sie genug Rückgrat gezeigt haben.

Eigentlich könnten sich Kellerasseln und Saftkugler durchaus zusammentun zu einer Superrasse namens Kellerkugler oder auch Saftasseln.

Ganz ohne komplizierte Balzrituale

REGENWURM *{Lumbricus terrestris}*

Häufig hört man, Arbeitnehmer und andere Abhängige seien zu unflexibel. Sehr oft wird die mangelnde Beweglichkeit von Politikern oder Gewerkschaftsfunktionären kritisiert. Das sieht unter der Erde ganz anders aus. Dort sind alle immer in Bewegung. Nehmen wir den Regenwurm. Er gehört zu den angesehensten Tieren der Welt. Menschen äußern sich immer respektvoll über den Regenwurm, weil er im Verdacht steht, die Erde aufzulockern und ein guter Köder beim Angeln zu sein. Die Menschen beurteilen Tiere mit Vorliebe unter solchen Aspekten. Tatsächlich gibt es jetzt schon Bereiche, wo die Wurmdichte bis zu 2000 Individuen pro Quadratmeter ausmachen kann. Man muss sich aber nur mal vorstellen, es gebe sehr viel mehr Regenwürmer, sie würden also praktisch die ganze Welt auflockern, dann würde irgendwann der Planet nur noch aus perfekter Gartenerde bestehen und dann dauert es nicht mehr lange und Außerirdische füllen unseren Planeten portionsweise in Säcke und transportieren ihn auf ihren unfruchtbaren oder lehmigen Heimatplaneten.

Grundsätzlich ist es wohl so, dass die gesamte Erde, auf der wir herumlaufen, von Regenwürmern ausgeschieden wurde. Sie fressen die Erde und scheiden sie wieder aus, die Erde läuft durch sie hindurch, Regenwürmer sind Durchlauferhitzer für Erde. Wir bewegen uns auf Regenwurmscheiße.

Fußballtrainer hätten gerne, dass ihre Spieler zu Regenwürmern werden, jedenfalls fordern sie oft, die Spieler sollten Dreck fressen.

Das bringt aber gar nichts, denn aus dem Spieler kommt hinten keine Gartenerde raus. Der Regenwurm kann ansehnliche Längen erreichen. In Deutschland wird er bis zu 35 cm lang, woanders bringt er es auf drei Meter. Es scheint, dass die längsten ganz unten leben, jedenfalls werden die Würmer umso länger, je tiefer man gräbt. Wahrscheinlich sind das die ältesten, die schon sehr viel Erde durch sich hindurchlaufen ließen.

Der Regenwurm ist eines der wenigen Tiere, das der Mensch mit einem Spatenstich vermehren kann. Allerdings nur einmal. Es ist aber keineswegs so, dass beide Regenwurmhälften dauerhaft lebensfähig wären. Jedes Körpersegment des Regenwurms besitzt die genetische Anlage, nur den After, aber nicht den Kopf wieder auszubilden. Aus dem abgetrennten Hinterende entsteht also ein Wurm mit zwei Aftern. Dieses Wurmende hat die Arschkarte gezogen und muss verhungern. Man bezeichnet den Regenwurm deshalb nicht ganz zu Unrecht als den deutschen Wurm, wobei das Kopfende natürlich die Bundesrepublik ist.

Der Regenwurm an sich hat kein Bewusstsein seiner selbst, bei Gefahr tarnt er sich als Regenwurm, was wenig bringt, weil kaum jemand Angst vor Regenwürmern hat, was wiederum der Regenwurm nicht weiß. Es lässt sich sehr schlecht beurteilen, wie lange ein Regenwurm lebt, man sieht eigentlich nie welche, die am Stock gehen oder irgendwie an Altersschwäche gestorben sind. Meist sind sie auf dem Asphalt platt gefahren. Und das liegt daran, dass der Wurm nichts hört. Er spürt durchaus etwas, aber weiß nicht, dass es sich um einen Audi Roadster TT oder einen VW Phaeton handelt.

Warum aber hört der Wurm nichts? Weil Regenwürmer Zwitter sind, sie befruchten sich wechselseitig und manche Arten befruchten sich sogar selber. Komplizierte Balzrituale sind ihnen völlig fremd. „Die 100 besten Anmachsprüche" wäre in Regenwurmkreisen kein Bestseller. Und den Ratschlag: „Sie müssen wieder lernen, einander zuzuhören", kann man sich bei Regenwurmehepaaren sparen. Sie würden ihn sowieso nicht hören. Viele beneiden den Regenwurm insgeheim, weil er sich keine Beziehungsgespräche anhören muss und auch keine Volksmusik oder Politikerreden. Diese Fähigkeit hat er dem Menschen voraus, der ihn deshalb aus Rache zu den „Niederen Tieren" zählt.

Anteil der Maulwurfshügel, die vom Mond aus mit bloßem Auge nicht zu erkennen sind

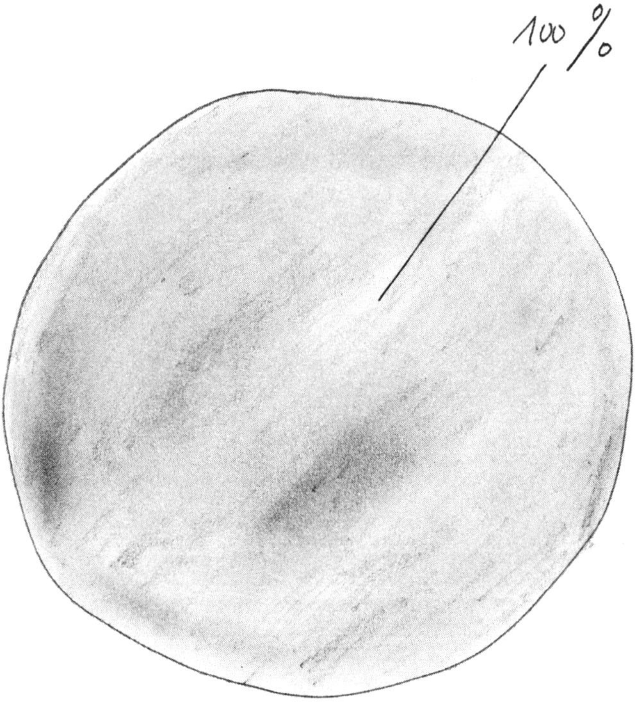

Untergräber der öffentlichen Ordnung

MAULWURF *{Talpa europeae}*

Der Maulwurf gehört zu den wenigen Tieren, ja, wenn ich es recht bedenke, er ist das einzige Tier, an dem wir vor allem seine Bauwerke bewundern, die eigentlich nur Abfallprodukte seiner wirklichen Bautätigkeit sind. Auf Bahnfahrten sehe ich manchmal ganze Fußballfelder, die mit Maulwurfshügeln übersät sind. Anscheinend begeistert sich der Maulwurf sehr für dieses Spiel, es ist ihm aber wohl nicht beizubringen, dass er seine Hügel hinter der Außenlinie aufwerfen soll. Denn der Maulwurf will immer mitten im Geschehen sein, das ist sein Charakter, davon lässt er sich nicht abbringen.

Trotzdem hat man nicht oft Gelegenheit, einen Mauwurf zu beobachten. Ich würde sagen, die meisten Deutschen sterben, ohne jemals einen Maulwurf gesehen zu haben. Umgekehrt trifft das jedoch bestimmt nicht zu, denn fast jeder Maulwurf hat in seinem Leben schon mal einen Deutschen gesehen, oft war es auch das Letzte, was er in seinem Leben gesehen hat. Mir war sein Anblick bisher dreimal vergönnt. Einmal tauchte einer unvermittelt aus einem selbst aufgeworfenen Hügel in unserem Schrebergarten auf, und während ich noch ganz verzaubert das schwarz glänzende Tier beobachtete, hatte mein Onkel schon mit der Schaufel ausgeholt. Danach hatte ich Gelegenheit, den Maulwurf in aller Ruhe zu betrachten. Er sah aber nicht mehr so gut aus, wie vor dem Schaufelschlag.

Man muss dazu sagen, dass mein Onkel auf einem Bauernhof aufgewachsen ist und seit mehr als vierzig Jahren Kleingärtner ist.

Und Kleingärtner sind die natürlichen Feinde des Maulwurfs. Mein Onkel könnte mindestens 50 Kerben in seinem Spaten haben, wenn er dazu neigen würde, jeden erlegten Maulwurf derartig zu markieren. Außerdem war mein Onkel fünf Jahre in russischer Gefangenschaft, dadurch wurden ihm sämtliche sentimentalen Mauwurfsgefühle ausgetrieben. Ich werde den Namen meines Onkels hier aber nicht preisgeben, denn der Maulwurf steht unter dem Schutz des Gesetzes; wer einen tötet, macht sich strafbar.

Warum löst der Anblick eines Maulwurfs in jedem Kleingärtner einen sofortigen Tötungsreflex aus? Der Maulwurf teilt zwar die Liebe zur Scholle mit dem Kleingärtner, aber sonst hat er ganz andere Interessen. Man könnte sagen, der Maulwurf untergräbt die öffentliche Ordnung. Eine gepflegte Rasenfläche bedeutet ihm nichts, denn er sieht sie ja hauptsächlich von unten. Ein bis zu 200 m langes System von Gängen hat er unter Rasenflächen und Kleingärten angelegt, die er ständig patrouillierend durchläuft. Vorwärts und rückwärts, weil sich seine Haare problemlos in jede Richtung legen können. Er ist sehr schnell da unten unterwegs, denn er muss täglich ungeheure Mengen an Regenwürmern und Engerlingen vertilgen. Er nimmt es aber auch mit Mäusen auf, kommt sogar an die Erdoberfläche und räumt Vogelnester aus und soll schon eine Kreuzotter getötet haben. Auch als Aasfresser ist er beobachtet worden, und da ist es wahrscheinlich besser, nicht in der Nähe von Maulwurfshügeln zu übernachten, weil der gefräßige Maulwurf einen schlafenden Menschen wahrscheinlich in kürzester Zeit skelettiert, und wenn der dann aufwacht, ist er tot.

Heute sieht man den Maulwurf im Allgemeinen als nützlich an, er durchlüftet den Boden und vertilgt Schädlinge. Erstaunlich ist, dass man nur sehr geringe Kenntnisse über so ein wichtiges Tier wie den Maulwurf hat, während man über völlig überflüssige Kreaturen wie Lady Gaga viel zu viel weiß.

Fairplay ist was anderes

SILBERFISCHCHEN *{Lepisma saccharina}*

Der Anblick dieser Tiere versetzt den Anblickenden immer ein wenig in Panik, denn Silberfischchen gelten als ein Zeichen mangelnder Hygiene und als Überträger von Krankheiten, wobei man sich das irgendwie von jedem Insekt erzählt, mit Ausnahme des Marienkäfers. Ich habe keine Ahnung, was das für Krankheiten sein sollen und wo die Silberfischchen die her haben, aber auch mich beunruhigt der Anblick eines Silberfischchens. Wobei eins allein kein Problem darstellt, aber wenn man mehrere sieht, dann sind auch mehrere da und dann muss man von einem Silberfischchenbefall sprechen und sofort die entsprechenden Maßnahmen ergreifen.

Das Silberfischchen liebt es warm, feucht und dunkel, also gehören irgendwelche Ritzen und Fugen im Badezimmer zu seinen bevorzugten Aufenthaltsorten. Es wird empfohlen, das Bad unangemeldet mitten in der Nacht zu betreten und das Licht anzumachen, um zu beobachten, wohin die Silberfischchen verschwinden. Danach kommt eine Mischung aus Zucker und Backpulver zur Anwendung, die streut man in die Schlupflöcher. Der Zucker lockt die Tiere an, das Backpulver geht auf und verschließt die Ritzen, so legt man Silberfischchen rein. Fairplay ist was anderes.

Ein ebenfalls sehr bekanntes Hausmittel bei der Bekämpfung von Silberfischchen ist die Kartoffel. Man schneidet eine Kartoffel in zwei Hälften und legt sie auf eine Plastiktüte. Die Kartoffel liegt nicht komplett auf dem Boden, sondern muss einige Lücken für die

Silberfischchen bieten. Die Stärke der Kartoffel lockt die Silberfischchen an. Damit die Falle auch eine Falle wird und nicht als Nahrungsspender für Silberfischchen dient, muss man nachts spontan den Raum betreten und die Kartoffel mitsamt der Plastiktüte und den Silberfischchen aufnehmen. Diesen Vorgang sollte man mehrfach wiederholen.

Die Kartoffel lockt das Silberfischchen, und das Silberfischchen lockt den Jugendherbergsvater in uns hervor. Nachts spontan den Raum betreten und das Licht anmachen! Wer weiß, wer sich da sonst noch so alles in Sicherheit zu bringen versucht und womöglich gar nicht in eine Ritze passt.

Die Nummer mit der Kartoffel stellt jedenfalls hohe Anforderungen an den Silberfischer. Die Tiere sind nämlich sehr schnell und wendig. Dürfte gar nicht so leicht sein, die Fischchen zu erwischen. Viel eher dürfte es sich ergeben, dass man nachts im Tran auf der Kartoffel ausrutscht und sich den Kopf am Waschbecken aufschlägt.

Silberfischchen können, so erfährt man aus einschlägigen Quellen, bis zu acht Jahre alt werden. Da werden sie mit der Zeit nicht mehr auf den Kartoffeltrick reinfallen. Aber wie bekommt man die Lebenserwartung von Silberfischchen eigentlich heraus? Lebt man da acht Jahre lang mit so einem Tier zusammen und lässt sich getreulich alle Krankheiten übertragen, die es im Laufe der Zeit anschleppt? Oder gibt es ein zentrales Silberfischchenlabor, ein Silberfischchenforschungszentrum, in dem es sehr warm, feucht und dunkel ist und man mit speziellen Infrarotkameras die Tiere beobachtet? Wahrscheinlich gibt es das und wenn das publik wird, heißt es gleich: Für so was ist Geld da, aber unsere Kinder müssen immer noch zerfledderte Schulbücher benutzen. Diese Reaktion ist gar nicht so falsch, an den zerfledderten Büchern könnte tatsächlich das Silberfischchen Schuld sein, denn es bevorzugt stärkehaltige Stoffe oder Dextrin in Klebstoffen und benagt deshalb gerne Bucheinbände.

Wahrscheinlich fassen Silberfischchen häufiger mal ein Buch an als der Durchschnittsdeutsche. Wenn das noch ein paar Tausend Jahre so weitergeht, erarbeiten sie sich einen ordentlichen Informationsvorsprung und lassen sich weder mit Kartoffeln noch mit Backpulver hinters Licht führen.

Bei Wikipedia heißt es: „Das Paarungsspiel der Silberfischchen wurde wegen ihrer nächtlichen Lebensweise erst in letzter Zeit bekannt. Das Männchen und das Weibchen laufen während des Vorgangs erregt umher." Das haben sie mit den Menschen gemein. Aber die Sache läuft dann etwas anders ab. „Das Männchen legt unter Spinnfäden ein Samenpaket ab und bringt nun das Weibchen durch einen Balztanz dazu, unter den Fäden durchzuschlüpfen. Dabei stößt dann das Weibchen auf das Samenpaket und nimmt es auf." Ich würde gerne mal einen Balztanz sehen, mit dem man eine Frau dazu bringt, unter Spinnenfäden durchzuschlüpfen und ein Samenpaket aufzunehmen. Das muss ein sensationell guter Tanz sein, mindestens so gut wie der von John Travolta in Pulp Fiction.

Evolutionär wenig erfolgreiche Marienkäfermuster

Der Blattlausgarausmacher

MARIENKÄFER *{Coccinella septempunctata}*

Kaum ein Tier dürfte wohl eine bessere Presse haben als der Marienkäfer. Er ist ein wirklich gut eingeführtes Markenprodukt der Natur, dem der Verbraucher bedingungslos vertraut. Man hat noch nie von einem Serienmörder aus Marienkäferkreisen gehört, und auch als gewissenlose Spekulanten, Miethaie, Sexualstraftäter oder Kunsträuber sind die Tiere noch nie in Erscheinung getreten. Man muss neidlos anerkennen, dass der Marienkäfer eine der gelungensten Schöpfungen Gottes ist. Sein Aussehen orientiert sich am VW 1300 und schafft dadurch sofort Sympathie. Es gibt ihn unter anderem in den Ausführungen Rot mit schwarzen Punkten oder Schwarz mit roten Punkten oder auch ohne Punkte oder Schwarz mit gelben Punkten. Im Mai gibt es ihn auch mit Schokolade, wo er dann fälschlicherweise als Maikäfer in den Verkauf gelangt. Eigentlich ist jede Farbvariante denkbar. In den Tropen gibt es die meisten Marienkäferarten und manche davon haben phosphoreszierende Flügel mit irrsinnigen Mustern, die man oft nur erkennen kann, wenn man vorher einen speziellen Pilz gegessen hat. Marienkäfer sehen nicht nur gut aus, sie machen sich auch nützlich, weil sie die Blattlaus bekämpfen. Das wird in Blattlauskreisen natürlich ganz anders gesehen, wo man der Lieblichkeit der Käfer gar nichts abgewinnen kann.

Der Marienkäfer ist wohl das einzige Insekt, dass jeder Mensch völlig bedenkenlos auf den Arm nimmt, denn grundsätzlich gelten Insekten nicht als niedlich. Der Marienkäfer aber wirkt selbst in der

Vergrößerung noch sehr sympathisch, was schon einiges heißen will. Man stelle sich nur mal vor, wie Gisele Bündchen unter dem Mikroskop aussieht, die außerdem auch nicht gerade großartige Erfolge in der Blattlausbekämpfung aufzuweisen hat.

Marienkäfer sind Glücksbringer. Gut, dass es in diesem Land so viele Marienkäfer gibt, so ist Deutschland ein sehr glückliches Land. Die Bewohner können es oft nur nicht so richtig zeigen, weil man dafür wieder einen anderen Käfer braucht, der aber in Deutschland nicht vorkommt.

Nur ganz selten gibt es negative Schlagzeilen über Marienkäfer. 2009 überfielen Millionen von ihnen einen Ostseestrand und zwickten Badegäste ganz empfindlich. Die Tiere waren verwirrt, sie glaubten anscheinend, die Feriengäste seien von Blattläusen befallen.

Das Staubsaugerbeuteltier

SPINNEN *{Araneae}*

Spinnen gehören zur Grundausstattung einer mitteleuropäischen Wohnung. Sie sind schon drin, bevor man einzieht, und sind auch immer noch da, wenn man wieder auszieht. Beim Streichen der Wände befinden sich immer einige Spinnen auf der Flucht vor der Farbrolle. Das Haus, das ich bewohne, haben sich Spinnen sehr sinnvoll aufgeteilt. Die kleineren, unscheinbaren und auch die filigraneren finden sich in den Wohnräumen, während man im Keller auf ungeheuer große Exemplare trifft, bei deren unvermitteltem Anblick einen doch ein gewisser Schauder überläuft. Unter und hinter jedem Gegenstand im Keller sitzt eine Spinne und schaut einen vorwurfsvoll an, weil man durch unbedachtes Möbelrücken gerade ein kompliziert gesponnenes Netz zerrissen hat. Die Arbeit von Tagen ist dahin. Man findet aber auch viele vertrocknete Spinnen mitsamt vertrockneten Beutetieren.

Während man Mücken, Fliegen, Mehlmotten und Wespen gnadenlos erschlägt, bringt man der Spinne gehörigen Respekt entgegen. In ihren Netzen verfängt sich manches Insekt, dass uns wahrscheinlich erheblichen Schaden zufügen könnte. Die Nützlichkeit der Spinne ist einer der beliebtesten Allgemeinplätze und deshalb verbringt man einen immer größeren Teil seiner Lebenszeit damit, ein Glas über eine unerwünschte Spinne zu stülpen, ein Blatt Papier darunterzuschieben und das Tier dann nach draußen zu tragen, wo man es vorzugsweise im Garten entsorgt. Da Spinnen ortsgebunden sind, werden sie natürlich versuchen zurückzukommen. Sie können selbst durch sehr kleine Spalten kriechen und tatsächlich gelangen die meisten durch die Haustür zu uns, bzw., unter der Haustür durch. Viele tragen ein und dieselbe Spinne bis zu zehn Mal unter Glas aus dem Haus, und es ist anzunehmen, dass besonders hässliche Spinnen das bereits einkalkulieren. Wenn es also nicht genug Nahrung in einer Wohnung für sie gibt, dann stellen sie sich dem menschlichen Bewohner in den Weg, der holt Glas und Papier und erspart der Spinne lange, kräftezehrende Wanderungen zu neuen Nahrungsquellen.

Viele Menschen ekeln sich vor Spinnen, aber noch mehr Spinnen ekeln sich vor Menschen. Im Fernsehen sollen sich furchtsame Kandidaten oft als Mutprobe eine Vogelspinne auf die Hand setzen. Die Spinnen bekommen dabei einen Schock fürs Leben, und Vogelspinnen können teilweise 20 Jahre alt werden.

Nicht alle Spinnen arbeiten mit Netzen, manche laufen hinter ihrer Beute her oder stürzen sich darauf. Aber die fallen einem nicht so auf. Spinnennetze sind jedoch ein ausgesprochener Blickfang. Moment! Heißt das, es gibt Spinnen, die Blicke fangen und sich davon ernähren? Das müssen Metaphysiker beantworten. Meine Blicke werden jedenfalls von diesen Spinnennetzen magisch angezogen und zwar immer beim Staubsaugen. Auch da muss man sich fragen: Legen es die Spinnen darauf an, dass man sie wegsaugt? Wollen sie ihr Netz eigentlich im Staubauffangbeutel spinnen und bringen mich jetzt dazu, sie direkt dorthin zu saugen? Denkbar wäre es.

Was die viel gerühmte Nützlichkeit von Spinnen angeht, so warte ich darauf, dass endlich mal eine Spinne auftaucht, in deren Netzen sich GEZ-Eintreiber, Staubsaugervertreter und Schornsteinfeger verfangen, denn die sind oft wirklich lästig.

Der Giftzahn des Grauens

MONOKELKOBRA *{Naja kaouthia}*

Im Frühjahr 2010 gab es wohl kein Tier, dass ich häufiger beobachtet hätte, als die Monokelkobra. Schon kurz nach dem Aufstehen, aber auch mittags, nachmittags oder abends, sah ich eigentlich nichts anderes mehr als Monokelkobras. Wobei ich einschränkend sagen muss, dass ich sie nicht wirklich sah, sondern ich beobachtete Menschen die glaubten, eine Monokelkobra beobachtet zu haben, und über diese Erfahrung sprachen sie. Es waren bodenständige Menschen des Ruhrgebiets und deshalb wirkten sie auch glaubwürdig. Die Monokelkobra ist ebenfalls eine bodenständige weil bodenbewohnende Schlange. Sie führt eine dämmerungs- und nachtaktive Lebensweise und ernährt sich von Froschlurchen, Echsen, Vögeln, anderen Schlangen und Kleinsäugern, die mit einem Giftbiss getötet werden.

Wird die Schlange bedroht, richtet sie ihren Vorderkörper auf und spreizt den Nackenschild.

Das Ruhrgebiet ist nicht umsonst Kulturhauptstadt 2010 geworden, denn solche zoologischen Sensationen sind außergewöhnlich.

Normalerweise trifft man eine Monokelkobra nur in Südostasien in freier Wildbahn an. Allerdings bewohnt diese Schlange sehr viele deutsche Terrarien, weil sie angeblich leicht zu halten ist bzw. eben auch nicht, denn im Frühjahr 2010 verschwand eine Monokelkobra aus einem Terrarium in einem Mühlheimer Mehrfamilienhaus und konnte zunächst nicht wiedergefunden werden. Zoologen erklärten, dass wohl jeder, dem sich die Chance dazu biete, aus Mühlheim verschwinden würde, vor allem wenn man ihn in einem Terrarium gefangen halte. Faszinierend an dieser Geschichte ist vor allem die Wortgruppe Mühlheimer Mehrfamilienhausmonokelkobra.

Das Tier ist, wie schon erwähnt, hochgiftig, ein Biss kann zu Atemlähmungen und Sprachstörungen führen, sodass man nicht mal mehr Mühlheimer Mehrfamilienhausmonokelkobra sagen kann. Zeitungen streuten das Gerücht, die Kobra ernähre sich von Politikern, woraufhin mehrere Minister überhastet zu Auslandsreisen aufbrachen. Doch sie haben eigentlich nichts zu befürchten, die Monokelkobra ernährt sich, wie wir bereits wissen, nur von kleineren Kriechtieren. Angela Merkel versprach zu handeln: Im Gespräch waren flächendeckende Monokelkobrabissimpfungen, die Monokelkobrameldepflicht und ein sofortiger Baustopp für Mehrfamilienhäuser in Mühlheim.

Die Schlange füllte viele Stunden Sendezeit im Fernsehen. Es konnte eigentlich nicht mehr lange dauern, bis auch Peter Scholl-Latour dazu befragt werden würde, denn er ist ja ein exzellenter Kenner Südostasiens und kann sicher auch die Bedrohung unserer Demokratie durch muslimische Monokelkobras richtig einschätzen.

Das war tatsächlich der Moment, wo die Monokelkobra zum am häufigsten gesehenen Tier in Deutschland wurde. Stellte man das Fernsehen an, wurde man mit Menschen konfrontiert, die von einer Monokelkobra gebissen zu sein schienen. Vor allem Politiker wirkten wie gelähmt und redeten wirr.

Die Schlange hatte das Land fest im Griff. In Ratgebersendungen riefen Ratsuchende an und äußerten den Verdacht, sie seien mit einer Monokelkobra verheiratet und wollten wissen, wie man das denn sicher erkennen könne. Wer jetzt ein Monokelkobrawarngerät auf den Markt gebracht hätte, wäre reich geworden.

Die Feuerwehr fing die Schlange schließlich mit Doppelklebeband. Das war sicher unfair, denn da, wo die Kobra herkommt, gibt es bestimmt kein Doppelklebeband. Später las ich, die Monokelkobra sei im Allgemeinen nicht bedroht und ihre Population stabil. Allerdings nicht in Mühlheimer Mehrfamilienhäusern, da ist sie dann wohl doch für immer ausgerottet.

Unzertrennlich, aggressiv, laut und renitent

ZWERGPAPAGEIEN *{Agapornis roseicollis}*

Ich hatte mal zwei. Das ist überhaupt kein guter Einleitungssatz für ein Kapitel über Zwergpapageien, denn man hat immer zwei, schließlich nennt man sie ja auf Deutsch beinahe bewundernd: Unzertrennliche, auf Englisch noch viel schöner: Lovebirds. In meinem Fall waren es Rosenköpfchen. Ich wollte eigentlich nie welche besitzen, aber besondere Umstände führten uns zusammen. Meine damalige Freundin ließ sich ihre Haare immer von einem schwulen Friseur schneiden. Das ist jetzt fast ein Pleonasmus, man müsste ja eigentlich nur betonen, wenn ein Friseur mal nicht schwul ist. Dieser junge Mann hatte einen Freund, der Zwergpapageien züchtete, und das gelang ihm so vortrefflich, dass er Probleme mit der Unterbringung bekam. So sorgte sein frisierender Freund, der naturgemäß über die nötigen Kontakte verfügte, dafür, dass viele Menschen in Bielefeld plötzlich Besitzer von Unzertrennlichen wurden. Es sind übrigens meistens Männchen und Weibchen, ich weiß gar nicht, ob es auch schwule Unzertrennliche gibt, vielleicht nennt man die dann eher Zertrennliche. Schon als ich zum ersten Mal von dem papageienvermehrenden Freund des Friseurs meiner Freundin hörte, schwante mir Unheil, und keine zwei Wochen später stand dann auch ein Käfig mit zwei Unzertrennlichen in meinem Zimmer. Meine Freundin sagte, die wären doch süß und außerdem hätte ich doch früher schon Wellensittiche gehabt.

Als Sechsjähriger besaß ich natürlich einen Wellensittich. Eine Blockflöte und ein Wellensittich gehörten zur Grundausstattung einer Kindheit in den Sechzigerjahren. Der einzelne Wellensittich war zwangsläufig sehr zutraulich und brachte sich sehr gut in unsere Familie ein, wie man heute sagen würde. Wellensittiche leben aber eigentlich in riesigen Schwärmen zusammen und sind nicht zum Alleinsein geboren, deshalb schließen sie sich dem nächsten vorhandenen Schwarm an, auch wenn er nur aus einer schlechtgelaunten Rentnerin, ihrer überarbeiteten Tochter und deren leicht melancholischem Einzelkind bestand. Der Wellensittich hieß Butzi, ein Name, den man ihm schon vorher gegeben hatte, ich war aber froh, dass er nicht Peterle hieß. Butzi konnte seinen Namen sagen, jedenfalls klang es so ähnlich, er setzte sich auf meine Schulter, knabberte an meinem Ohrläppchen und schob Spielzeugautos quer über den Tisch, bis sie runterfielen. Wenn ich keine Zeit für ihn hatte, beschäftigte er sich mit seinem Spiegelbild oder einem kleinen Stehaufmännchen oder einem Glöckchen oder dem Hirsekolben. Eines Morgens teilten mir Mutter und Großmutter mit, Butzi sei gestorben und man habe ihn in einer Pappschachtel im Park beerdigt. Einen Garten hatten wir nämlich nicht und der Park war gleich um die Ecke. Ich schöpfte keinen Verdacht und das war auch richtig, denn weder meine Mutter noch ihre Mutter hatten das geringste Motiv, den Vogel umzubringen. Im Gegenteil, sie waren froh, dass ich einen Spielkameraden hatte, ich war ja, wie bereits erwähnt, Einzelkind und meine Mutter alleinerziehend, sodass der Wellensittich quasi ein Geschwisterersatz war. Nun lag mein gefiederter Bruder also im Park und ich war wieder allein. Meine schulischen Leistungen verschlechterten sich rapide, ein Nachhilfelehrer nach dem anderen machte seine Aufwartung und einer davon züchtete Wellensittiche. Er konnte mir zwar kein Mathe beibringen, dafür aber ein Wellensittichpärchen, das ihm meine Mutter abkaufte, damit ich gleich zwei neue Geschwister hätte.

Ein großer Irrtum. Die beiden Wellensittiche waren sich selbst genug. Sie tauschten Zärtlichkeiten aus, stritten sich wie besessen und machten einen unheimlichen Dreck. Für mich interessierten sie sich nicht im Geringsten. Und so ließ auch mein Interesse an ihnen rapide nach. Ich kann mich heute noch nicht mal erinnern, welche Namen ich ihnen gegeben hatte. Da ich mich damals für den deutschen Schlager begeisterte, könnten sie Cindy und Bert geheißen haben. Gehen wir einfach davon aus und gehen wir auch davon aus, dass ich langsam eine richtige Wut auf Cindy und Bert entwickelte, weil die sich zu zweit so gut verstanden und ich ein Einzelkind blieb. Ich hielt ihnen die köstlichsten Körner hin, aber sie weigerten sich, auf meine Hand zu kommen, und so gab ich ihnen einfach mehrere Tage hintereinander kein Futter. Das war gemein, aber so können wir Einzelkinder sein, wenn man uns zum Äußersten treibt. Ich tat es eigentlich eher unbewusst, aber eines Tages kam ich nach Haus und da sah ich Cindy und Bert auf dem Boden ihres Käfigs sitzen und sich nur noch schwerfällig watschelnd bewegen. Mir wurde sofort klar: Die sind am Ende.

Begeistert schüttete ich mir etwas Futter auf die Hand und hielt es ihnen hin und da kamen sie aber angewatschelt und waren richtig zutraulich wie nie zuvor und auch nie wieder danach. Denn anschließend waren meine moralischen Skrupel doch so groß, dass ich es nie wieder wagte, Cindy und Bert auszuhungern. Meine Mutter machte der Versuchung ein Ende und gab die Vögel dem Züchter zurück.

Mein nächstes Haustier war ein Vierspurtonbandgerät, das mir viel mehr Freude bereitete, aber ich wollte ja eigentlich nur erzählen, wieso meine Freundin damals glaubte, ich könne mich für Zwergpapageien begeistern. Sie hielt mich für einen Vogelfreund, weil ich ihr natürlich nie von Cindy und Berts unfreiwilliger Fastenkur berichtet hatte. Das habe ich überhaupt noch keiner Frau erzählt.

Die Zwergpapageien waren Cindy und Bert hoch drei. Sie waren nicht nur unzertrennlich, sie waren dazu auch noch aggressiv, laut und renitent. Ich hatte aber immerhin eine eigene Freundin, fühlte mich ihnen also gewachsen, und ich taufte sie auf die Namen Boris und Arkadi. Es handelte sich dabei um die Vornamen eines mir sehr gut bekannten russischen Brüderpaars. Arkadi und Boris Strugatzki. Sie schrieben Science-Fiction-Romane. Ich verehrte sie und hatte alles von ihnen gelesen, es war also ein Zeichen des Respekts, dass ich die Zwergpapageien nach den Strugatzkis benannte. Boris und Arkadi sind natürlich Männernamen, aber das wussten die beiden Zwergpapageien nicht. Ich wusste dagegen sofort, dass wir uns niemals näherkommen würden und so ließ ich sie in Ruhe.

Leider verfolgten sie nicht die gleichen edlen Ziele, sie interessierten sich nicht im Geringsten für meine Bedürfnisse. Ich pflegte damals spät ins Bett zu gehen und dementsprechend spät aufzustehen. Wenn ich nach Hause kam, war ich oft nicht mehr in der Lage, die Vögel zuzudecken und deshalb weckten sie mich gnadenlos, sobald es eine halbe Stunde später hell wurde, mit einem schrillen Geschrei, dass mir die Ohren klirrten. Vor allem kreischten sie nicht gleichzeitig, sondern arbeiteten in einem Frage-und-Antwort-Modus, schaukelten sich dabei immer höher bzw. lauter, bis ich schließlich völlig verkatert aufstand und ihnen eine schwarze Decke überstülpte. Sie machten insgesamt fünf Umzüge mit und ließen sich dabei den Schneid nie abkaufen. Sie blieben autark, wurden niemals auch nur ein Gramm zutraulicher und kreischten Jahr für Jahr immer lauter. Ließ ich sie im Zimmer herumfliegen, setzten sie sich auf die Gardinenstange und kreischten von dort auf mich herunter. Wenn ich nicht hinschaute, richteten sie ungeheure Verwüstungen an, wenn ich hinschaute auch. Ein Zehntel meiner Buchbestände ist von den beiden angefressen worden, darunter übrigens kein einziges Buch von Boris und Arkadi Strugatzki.

Ich weiß nicht, ob die beiden Papageien 24 Stunden ununterbrochen kreischen konnten, sie taten es jedenfalls nicht. In den Ruhepausen saßen sie eng aneinandergeschmiegt und knirschten vor sich hin, was einen eigentlich noch wahnsinniger als das Gekreische machte. Das knirschende Geräusch rührte daher, dass sie sich den Schnabel feilten. Der Unterschnabel hat eine geriffelte Oberfläche und sie schärften sich den Oberschnabel, in dem sie ihn über diese Feile zogen. Danach konnten sie meinen Büchern noch besser zu Leibe rücken.

Ganz ohne jede Frage waren die beiden mir in allen Belangen überlegen. Sie überlebten vier meiner nächsten Beziehungen, sie überlebten den Friseur und seinen züchtenden Freund, die beide an Aids starben, und möglicherweise leben und knirschen sie heute noch. Ich habe sie im Sommer 1984 dem Braunschweiger Zoo geschenkt, wo sie sofort ein hoffentlich glücklicher Teil eines riesigen Schwarms wurden, der mit Sicherheit nur aus Schenkungen bestand.

Tiere, die nach Obst oder Gemüse benannt wurden

Kartoffelkäfer Zitronenfalter Kohlmeise
Salatschnecke Spinatwachtel Rucolachs
Broccolibelle Porreh Apfeldmaus
Kerbelster Kiwisent Linseeigel Erbseeigel
Mangolden Retriever Kürbisamratte Kohlrabiber
Avocadompfaff Aprikoseeadler Sellerieriesenschnauzer
Sauerampferd Paprikaninchen Hasellerie Reisbär
Braunbärlauch Karotter Mirabellemming Assellerie
Pilzilpzalp Tomaterrier Spinatter Paprikatze
Rhabarbergammer Gurkellerassel Petersiliesel
Birnente Paprikarpfen Zucciniltis Spargelbauchunke

(Quelle: Kosmos Verlag)

Gehirnchirurgen bei der Arbeit

OHRENKNEIFER *{Forficula auricularia}*

Vom Gemeinen Ohrwurm „existieren unzählige Legenden“, so heißt es jedenfalls in vielen Abhandlungen, aber das scheint wohl die größte Legende zu sein, denn es wird immer nur diese folgende Geschichte erzählt. So glaubte man früher, der Ohrwurm kriecht in den menschlichen Gehörgang, kneift mit seinen beiden eindrucksvollen Zangen das Trommelfell durch und legt dann seine Eier im Gehirn des Menschen ab. Das soll aber, wie gesagt, nur eine Legende sein, obwohl man immer häufiger das Gefühl hat, viele merkwürdige Entscheidungen und Taten bestimmter Menschen seien das Ergebnis der Ohrwurmaktivitäten. Ein Ohrwurmweibchen kann 20–90 Eier in einem menschlichen Gehirn ablegen, aber das wurde bisher noch nie beobachtet. Umso schlimmer für die Beobachter könnte man sagen, aber vielleicht ist an der Geschichte wirklich nichts dran.

Der Ohrenkneifer oder Gemeine Ohrwurm kann überall vorkommen, ich habe ihn sowohl im Wohnzimmer als auch in der Küche, im Bad, im Arbeitszimmer oder im Fahrradschuppen gefunden. Wollte er möglicherweise ein Loch in den Reifen kneifen, um mich an der Flucht zu hindern? Oder rührt dieser Gedankengang nur daher, dass mein Gehirn zur Ohrwurmaufzuchtstätte geworden ist. Dann könnte ich auch glauben, der Gemeine Ohrwurm sei wirklich ein ziemlich gemeiner Ohrwurm und in meiner Wohnung unterwegs, um mit seinen Zangen größtmöglichen Schaden anzurichten. Er kneift Löcher in den Kaffeefilter, beschädigt Frischhaltefolien, perforiert die

Aufhängeschlaufe des Handtuchs, kneift einen nachts in den großen Zeh, wenn er nicht gerade in meinen Gehirnwindungen unterwegs ist, um mir die schlimmsten Alpträume zu bereiten. Wie gesagt, man kann es nicht oft genug betonen, das ist alles Quatsch, der Ohrwurm ist in unseren Wohnungen nur auf Nahrungssuche. Pilze, Pflanzenteile, aber auch Blattläuse stehen auf seinem Speiseplan und damit macht sich der Ohrenkneifer natürlich sehr beliebt. Jemand, der Blattläuse frisst, kann kein schlechter Mensch sein. Es wird deshalb dazu geraten, dem Ohrwurm eine Höhle zu bauen. Dazu hängt man einen umgedrehten, mit Holzwolle gefüllten Blumentopf in einen Baum oder Strauch, am besten gleich in den, der von Blattläusen befallen ist. Da verkriechen sich dann die Ohrenkneifer tagsüber, um nachts erbarmungslos zuzuschlagen. Auch das Silberfischchen verschmäht er nicht und würde es wohl auch mit Kakerlaken aufnehmen, wenn die nicht so groß wären.

Man kann so eine Ohrwurmhöhle auch heimlich im Schlafzimmer seines größten Feindes oder beruflichen Widersachers anbringen, falls an der Sache mit dem Gehirn doch etwas dran sein sollte. Und wenn nicht, erschreckt er sich wenigstens.

Das wehrhafte Aussehen des Ohrenkneifers kann durchaus zu Panikreaktionen führen. Wie man schon bei Brehm lesen kann: „Beliebt ist der Ohrwurm nirgends. Dem Kinde wird der Genuss der Beeren verleidet, wenn ein Ohrwurm nach dem anderen aus dem Dunkel der dicht gedrängten Weintrauben herausspaziert, und die Köchin wirft entrüstet den Blumenkohl von sich, wenn beim Abputzen und Zergliedern des Kopfes der braune Unhold mit seinen drohenden Zangen an das Tageslicht kommt."

Der Ohrenkneifer gehört außerdem zu den wenigen Insekten, die Brutpflege betreiben. Das heißt, die Tiere kümmern sich um ihr Gelege, die Eier werden regelmäßig abgeleckt, um sie vor Pilzbefall zu schützen, und sollte die Bruthöhle beispielsweise von Wasser bedroht sein, werden die Eier auch Stück für Stück an einen sicheren Ort transportiert. Selbst nachdem die kleinen Ohrwürmer geschlüpft sind, betreut man noch den Nachwuchs. So etwas traut man dem Gemeinen Ohrenkneifer gemeinhin gar nicht zu, doch wenn sich diese Erkenntnisse erst allgemein herumgesprochen haben, wird man die Ohrenkneiferin als Gegenstück zur Rabenmutter sehen und in einem Atemzug mit der Glucke nennen, die ihre Eier übrigens auch nicht in unserem Gehirn ablegt.

3 | FELD UND WALD

Der Autor erinnert sich an Tiere, die er mal gesehen hat und erinnert sich dunkel, wann und wie das war, als er diese Tiere gesehen hat. Eins davon hat er sogar mal bewacht aber nie gesehen. An einem anderen lief er jahrelang vorbei, ohne zu ahnen, dass er den Waldkauz praktisch vor der Haustür hatte.

Der einzig überzeugende Pinguin

GRAUREIHER *{Ardea cinerea}*

Der am weitesten entfernte Ort, den ich in meinem Leben jemals erreicht habe, lag im Indischen Ozean. Ich saß viele Stunden im Inneren eines großen Vogels, ich flog „mit Condor", wie man so sagt. An Bord verteilte man in Plastik verschweißte nahrungsähnliche Substanzen. Es gab sogar Kameras zu kaufen, mit denen man unter Wasser fotografieren konnte, allerdings nur einmal.

Nach vielen Stunden kamen wir auf Malé, der Hauptstadt der Malediven an. Ich stieg in ein Motorboot um und steuerte eine kleine Insel voller Palmen und glücklicher Paare an. Ich war kein glückliches Paar, sondern beruflich unterwegs. Ein langer Landungssteg führte von der Insel der glücklichen Paare hundert Meter weit ins Meer, damit auch größere Boote dort landen konnten, die den Nachschub an glücklichen Paaren sichern sollten. Auf diesem Steg stand das erste Tier, das ich auf den Malediven sah. Es war ein Graureiher. Eine ungeheure Enttäuschung erfasste mich. War ich deshalb Tausende von Kilometern geflogen? Um einen Graureiher zu sehen, der sich durch nichts von einem deutschen Graureiher unterschied? Das maledivische Exemplar sah etwas abgerissen aus. Vielleicht war es auch mit Condor geflogen.

Auf den Malediven sollte es meiner Meinung nach nur sehr bunte und sehr laute Vögel geben, deren Farbenpracht uns die Sinne verwirrt und über deren Fortpflanzungsgewohnheiten wir noch viel zu wenig wissen. Vom Graureiher hingegen weiß man eine Menge, möglicherweise mehr als genug. Ein Film mit dem Titel „Mysterium Graureiher“ hätte wohl nur wenig Chancen beim Publikum. Ich weigerte mich, den Graureiher auf den Malediven angemessen zur Kenntnis zu nehmen. Ich ließ ihn links liegen. Ganz grundsätzlich und vor allem zu Hause beobachte ich Graureiher hingegen sehr gerne. Graureiher lassen sich auch gerne beobachten. Sie stehen oft wie angewurzelt in der Landschaft und fliegen dann plötzlich los. Gemessen, fast lässig, selten aufgeregt.

Im Berliner Zoo sah ich einmal einen Reiher inmitten einer Gruppe von Humboldtpinguinen stehen. Er hatte nur wenig Ähnlichkeit mit einem Pinguin und wusste das wohl auch, aber er gab eine überzeugende Pinguindarstellung, streng genommen war er eigentlich der einzig überzeugende Pinguin im ganzen Gehege. Die Pinguine drängten sich in einer Ecke zusammen und machten wahrscheinlich hämische Bemerkungen, aber es war auch ihnen klar, dass sie als Pinguine versagt hatten. Graureiher haben immer ein leicht verschlagenes Grinsen um den Schnabel. Sie haben so eine interessierte Art, den Kopf zu halten, als wüssten sie etwas oder würden uns durchschauen. Beim Fliegen knicken sie den Hals ein, damit man sie vom Kranich unterscheiden kann. Vielleicht hält der Kranich auch den Hals gestreckt, damit man ihn nicht mit dem Reiher verwechselt. Wahrscheinlich ist es einfach viel bequemer, beim Fliegen den Hals einzuknicken, sonst würde es ein ausgekochtes Tier wie der Reiher bestimmt nicht machen.

Anspruchsvoll ohne evolutionäre Weiterentwicklung

KRANICH *{Grus grus}*

Kraniche genießen in Deutschland ein hohes Ansehen. Menschen pilgern in die Nähe von Sammel- und Rastplätzen, um zu verfolgen, wie sich die Kraniche sammeln und wie sie rasten. Im Herbst überfliegen riesige Kranichschwärme meinen Wohnort und im Frühjahr kommen sie wieder. Es ist ein sehr bewegendes Schauspiel, das niemanden unberührt lässt. Die ganz Nachbarschaft versammelt sich auf der Straße und schaut den Kranichen nach, die dort oben am Himmel ständig die Formation ändern und manchmal sogar eine Runde über unserem Viertel zu drehen scheinen. Vielleicht ist es ein uralter Orientierungspunkt und sie sind jetzt etwas verwirrt, weil wir das Haus neu gestrichen und Tippmanns diese Sonnenkollektoren auf dem Dach haben. Der Kranich macht in der Luft einen erhabenen Eindruck, aber ich weiß, dass er am Boden schwierig sein kann.

Zum Kranich habe ich ein besonderes Verhältnis. Er ist der einzige Vogel, ja, das einzige Tier, bei dem ich mal angestellt war. Der Kranich war mein Vorgesetzter, denn ich war Kranichbewacher. Die Bewachung regelte der DBV, der Deutsche Bund für Vogelschutz, eine Organisation, die es heute nicht mehr gibt, im Gegensatz zum Kranich.

Im Frühjahr wurden wir paarweise abkommandiert. Wir hausten in einem olivgrünen Wohnwagen, der irgendwo in der Nähe der damals noch vorhandenen Zonengrenze stand und mit einem

Tarnnetz umhüllt war, sodass weder Grenzpolizisten noch Kraniche ihn als Wohnwagen identifizieren konnten. Tatsächlich fanden wir selbst den Wohnwagen oft nicht wieder, so gut war er getarnt. Wir Kranichbewacher patrouillierten täglich durch ein mehrere quadratkilometergroßes Gebiet, in dem es Wälder, Felder, Moore und auch Wiesen gab. Wir mussten aufpassen, dass uns der Kranich nicht zu Gesicht bekam, denn der Kranich ist ein hochnervöser Vogel. Er kann es überhaupt nicht leiden, wenn er auch nur im Entferntesten gestört wird. Außerdem muss er alles immer in dem Zustand vorfinden, an den er seit Tausenden von Jahren gewöhnt ist. Evolutionäre Weiterentwicklung lehnt er ab. Höchst anspruchsvoller Bursche. Ich arbeitete ein ganzes Jahr praktisch für den Kranich. Im Februar musste ich 30 Kilometer auf einem zugigen alten Trecker bei minus 20 Grad im Schatten in ein völlig unwegsames Moorgebiet fahren, um dort die sogenannte Kranichwiese zu mähen. Weil der Kranich es nicht mag, wenn ihm das Gras die Sicht versperrt. Dann landet er erst gar nicht und nimmt erst recht keine Brutgeschäfte auf.

Man musste also das Gras mähen, zusammenrechen und abtransportieren, damit der Kranich sich wohlfühlen sollte. Man erfuhr aber nie, ob überhaupt ein Kranich diese Arbeit zu schätzen wusste und ob er sich fortpflanzte, denn man durfte sich dieser Wiese auf keinen Fall nähern. Erspähte einen der Kranich, bekam er die Panik und verduftete. Ließ Eier oder Küken im Stich, weil er eben so ein hochnervöser Vogel ist.

Die ordnungsgemäß gemähte Kranichwiese befand sich im Zentrum unseres Überwachungsgebietes, zumindest hatte man uns das erzählt, gesehen haben wir sie natürlich nie. Wir umkreisten die Wiese im Abstand von drei bis vier Kilometern, schauten angestrengt durch unsere Ferngläser ins Unterholz und manchmal auch in den Himmel, wo kranichähnliche Wesen herumflogen. Aber das waren Graureiher. Die Reiher störte unser Anblick überhaupt nicht.

Irgendwie hatte man sogar das Gefühl, die Reiher wären beleidigt gewesen, wenn sie keiner gesehen hätte. Reiher scheinen die Nähe von Menschen zu lieben, man könnte fast sagen, es sind Kraniche mit exhibitionistischen Neigungen.

Wir waren allerdings keine Reiher-Ranger, sondern Kranichkommissare, ohne die geringsten Befugnisse. Wir besaßen nicht die Lizenz zum Töten sondern nur zum Reden. Sollten wir jemand sehen, der sich der Kranichwiese zu nähern schien, dann hätten wir ihn höflich darauf hinweisen müssen, dass das nicht gut und obendrein verboten sei.

Es kam aber nie jemand, ich weiß also nicht, ob es so etwas wie Kranichchaoten gibt, die sich einen Spaß daraus machen, den Kranich beim Brüten zu stören, oder denen der Anblick aufgeregter Kraniche einen gewissen Kick verschafft. Wir nahmen die Bewacherei trotzdem sehr ernst, wir waren nervös wie Kraniche, schliefen nachts ziemlich unruhig, weil wir immer dachten, jemand latscht im Dunkeln quer über die Kranichwiese. Tagsüber verliefen wir uns häufig und fanden den Wohnwagen nicht wieder. Nach zwei Wochen kam unsere Ablösung, zwei frische, ausgeruhte Kranichwächter. Wir wussten zwar nicht, ob wir unseren Job gut gemacht hatten, aber es war wenigstens nicht zu Gewalttätigkeiten gekommen.

Man durfte also davon ausgehen, dass der Kranich dank unserer Bewachung erfolgreich dem Brutgeschäft nachgehen konnte. Irgendwann suchte er dann seinen Sammelplatz auf und flog los ins Winterquartier. Der Kranich ruht sich nämlich im Winter gerne in Afrika oder in der Mongolei und Vietnam aus. Damit er im Frühjahr wieder Kraft hat, den Kranichkommissaren in Deutschland den letzten Nerv zu rauben.

Die unbeliebtesten Kranichrastplätze

1.) „Zum Goldenen Adler“ (Bad Nauheim)
2.) „Pizzeria Primavera“ (Oldenburg)
3.) „Dammer Berge Ost“ (A1)
4.) „Goldene Bremm Süd“ (A6)
5.) „Taverna Akropolis“ (B44)
6.) „Bewekenhorn“ (Bielefeld)
7.) „Obergassel“ (A2)
8.) „Jägerstübchen“ (Braunlage)
9.) „DB Lounge“ (Leipzig)
10.) „Ali Baba-Grill“ (Ingolstadt)

Eimerweise Schulden

KRÖTEN *{Bufonidae}*

Kaum haben die Bürger es geschafft, 300.000 Tonnen Split unter ihren Profilsohlen von den Bürgersteigen in die Wohnungen zu transportieren und im Parkett festzutreten, kaum sind Schnee und Eis weggeschmolzen, da droht den Verkehrsteilnehmern neues Ungemach: Kröten und Frösche erwachen aus dem Winterschlaf und brennen darauf, die Autofahrer zu terrorisieren. Die Kröte ist der Hape Kerkeling unter den Tieren, unterwegs auf einer immerwährenden Pilgerreise. Im Herbst sind sie mal weg, aber im Frühjahr tauchen sie plötzlich wieder auf und wollen zu ihren Laichgründen. Das Laichen ist ein fast ausgestorbenes Handwerk, man kennt in seiner Nachbarschaft kaum jemand, der noch gepflegt ablaichen geht, aber Kröten haben um diese Jahreszeit nichts anderes im Kopf.

Laichtriebgesteuert befreien sie sich aus Erdlöchern, wo sie den Winter geschützt verbracht haben, und streben ihrer Bestimmung zu. Dabei sind sie anscheinend jedes Jahr wieder überrascht davon, das plötzlich eine Straße zwischen ihnen und dem Laichparadies liegt. Wobei überrascht die Sache nicht richtig trifft, die Kröten überqueren die Straße einfach, ohne rechts und links zu gucken, und es kommen nicht alle auf der anderen Seite an. Deshalb hat der Mensch, der sich wegen des Straßenbaus im Speziellen und auch sonst allgemein eher schuldig fühlt, eingegriffen und an besonders stark frequentierten Straßenabschnitten Krötenschutzzäune errichtet. Auch ich war mal so ein Mensch. Unterstützt vom örtliche Bund für Vogelschutz grub ich dreißig Löcher für Eimer, schlug noch mehr angespitzte Pflöcke ins Erdreich und tackerte die Zaunfolie an die Pfosten. Dann hieß es nur noch warten.

Die Kröten nähern sich des Nachts dem Zaun, springen in sinnlosem Liebes- und Laichfuror dagegen und fallen irgendwann in einen der Eimer. Manche sind derartig aufgeladen, dass es ihnen sogar gelingt, über den Zaun springen. Danach sind sie meistens platt. Die anderen verbringen eine wahrscheinlich etwas ungemütliche Nacht in einem Eimer. Da liegen durchaus Kreuzkröte, Wechselkröte, Grasfrosch, Geburtshelferkröte und Erdkröte mit der Gelbbauchunke beisammen und manchmal ist auch noch ein verschüchtertes Mäuschen dabei, und sie können alle von Glück sagen, wenn nicht auch noch ein Igel reinfällt. Im Prinzip sind sie alle gerettet – wenn der Eimerkontrolldienst funktioniert. Das bedeutet, schon sehr früh an einem meist nasskalten, dunklen Morgen aufzustehen, den Zaun zu inspizieren und die Kröten im Eimer über die Straße zu tragen. Natürlich schaut man sich den Krötenertrag vorher genau an und führt genau Buch über die Wandergruppen. Und ein Blick in die goldenen Augen der Erdkröte entschädigt dabei für jede Mühe. Die Kröten kippt man auf der anderen Straßenseite vorsichtig aus, möglichst weit von der Straße weg, weil einige doch ein paar Schritte in die falsche Richtung machen. Doch bald sind sie wieder laichwärts unterwegs und nichts kann sie aufhalten.

Es ist eine erstaunliche Partnerschaft, die sich hier zwischen Mensch und Kröte herausgebildet hat. Die Kröte ist tatsächlich das einzige Tier, dass den Menschen dazu bringen konnte, dass er es in einem Eimer über die Straße trägt. Der evolutionäre Vorteil für die Kröte liegt auf der Hand, aber was bringt uns die Partnerschaft? Wir ernähren uns nicht von Kröten, wir machen aus der Haut keine Handtaschen, und Kröten gelten auch nicht als Ersatzwährung, obwohl sie ein Synonym für Bargeld sind. Anscheinend zahlen wir

Eimer für Eimer unsere moralischen Schulden zurück. Dafür, dass wir den Lebensraum der Kröte zerschneiden und es ihr überhaupt schwer machen. Das erhöht unsere Chancen beim Jüngsten Gericht oder der Wiedergeburt, je nachdem, was sich da am Ende durchsetzt. Wieviel Kröten muss man wohl über die Straße tragen für das Ewige Leben oder damit man nicht als Anlageberater wiedergeboren wird? Darüber schweigen sich die zuständigen religiösen Gremien aus. Aber 1000 müssten es schon sein und zufälligerweise hab ich ungefähr so viele rübergetragen. Könnte also passieren, dass ich beim nächsten Durchgang die Wiedergeburtshelferkröte bin, und Sie müssen mich über die Straße tragen, weil Sie in Ihrem früheren Leben Verkehrsminister waren.

Verkehrstechnisch bedingte Tierschutzmaßnahmen und ihre Kosten für die Allgemeinheit

(Quelle: Verkehrsministerium

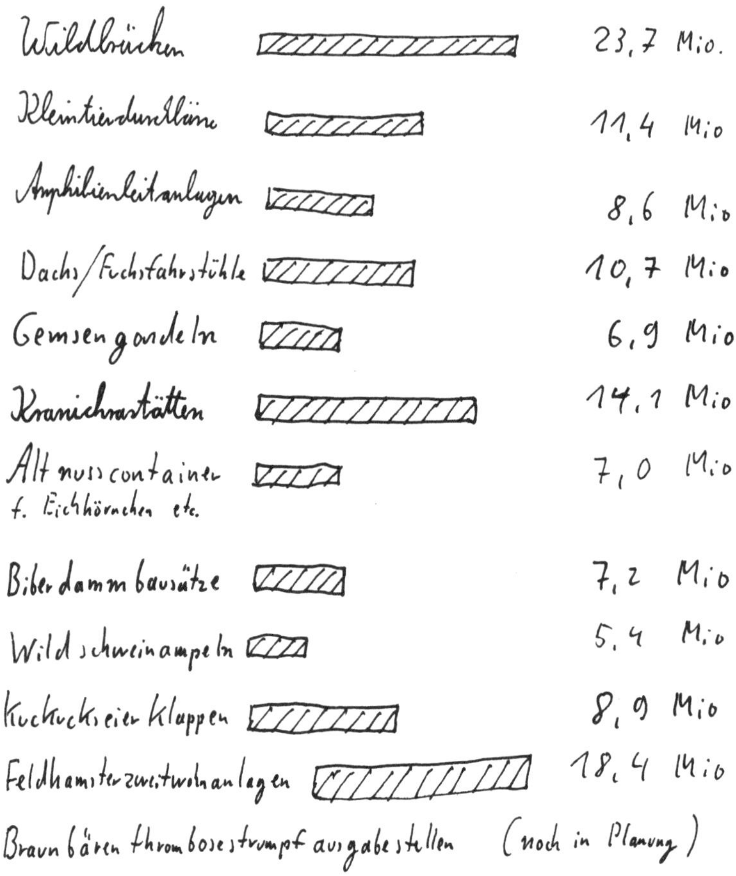

Der Immobilienmakler unter den Tieren

KROKODIL *{Crocodilia}*

Obwohl nicht unbedingt heimisch in Mitteleuropa, wird das Krokodil immer häufiger auch in Deutschland gesichtet. Es schwimmt im Sommer in Bächen, Bade- und Stauseen, Flüssen und Freibädern. Krokodile gehören zu den ältesten Arten, die auf der Erde leben. Es gab sie schon zu Zeiten der Saurier. Sie zeichnen sich durch ein eher unfreundliches Wesen aus und haben sehr rüde Tischmanieren. In jedem Tierfilm sind sie die Bösen und lauern arglosen Gnus, Zebras, Gazellen an Wasserstellen auf. Es ist kein schöner Anblick, wenn sie ein Gnu packen, ins Wasser zerren und nicht eher loslassen, bis die Beute den Widerstand aufgibt.

Biologen nennen das Krokodil daher den Immobilienmakler unter den Tieren. Krokodile bevorzugen feuchtwarmes Klima und sind in Deutschland noch selten.

Doch jedes Jahr im Sommer wird zuverlässig mindestens ein Krokodil, es kann auch ein Alligator oder ein Kaiman sein, in einem deutschen Gewässer entdeckt. Meist sind es extrem verschwommene Fotos, die die Existenz der Tiere belegen sollen. Aber auch auf schärferen Bildern sind Krokodile sehr schwer zu erkennen, sie ähneln einem im Wasser treibenden Baumstamm. Den Unterschied bemerkt man erst, wenn der Baumstamm zupackt. Möglicherweise sind sehr viel mehr Krokodile in Deutschland unterwegs, als man glauben möchte.

Die Sommerkrokodile sind nahe mit der Zeitungsente verwandt, obwohl Krokodile keine Schwierigkeiten haben, sich von Enten zu ernähren. Die Beobachtung eines Krokodils ist im Grunde nicht schwierig. Man muss nur lange genug auf eine Stelle im Wasser schauen, dann wird zwangsläufig ein Krokodil auftauchen. Das ist ein Naturgesetz. Man kann sich deshalb das Beobachten sparen und gleich bei der nächsten Zeitung oder dem nächsten Sender anrufen und mitteilen, dass man ein Krokodil gesichtet hat. Im Sommer warten Zeitungen und Fernsehsender dringend auf solche Anrufe, denn sie haben mehr Papier zur Verfügung als Meldungen, das heißt, es passiert zu wenig, um eine ganze Zeitung zu füllen. Das ist die ökologische Nische des Krokodils in Mitteleuropa. In Lokalzeitungen kann es oft mehrere Monate ohne Nahrung überleben und ohne dass es irgend jemand zu Gesicht bekommt. Aber die gefährlichsten Krokodile sind die, die man nicht sieht.

Unzählige Krokodile leben außerdem unter den Betten kleiner Kinder, wo sie sich so hervorragend getarnt haben, dass sie mit bloßem Auge nicht zu erkennen sind. Sie ernähren sich von altem Holzspielzeug und den Plastikhüllen von Überraschungseiern.

Dumpfes Brüten oder höhere Bewusstseinsstufe?

WALDKAUZ *{Strix Aluco}*

Der Waldkauz hat mich schon mindestens zehn Jahre beobachtet, bevor ich ihn entdeckte. Er sitzt auf dem Schornstein eines Forsthauses, an dem ich achtlos vorbeigelaufen, gejoggt und spaziert bin. Ich habe in den ganzen Jahren nie hochgeschaut und deshalb habe ich ihn nicht gesehen. Er allerdings hat alles mitgekriegt. Wie ich verzweifelte Erziehungsarbeit verrichtete und die Kinder nicht auf mich hörten. Er hat gesehen, wie ich schweißüberströmt in grotesk gemusterten Synthetikstoffen an ihm vorbeihoppelte, die Augen auf den Boden gerichtet, wo schwarze Käfer gleichmütig in Pferdeäpfeln herumwirtschafteten. Der Kauz sieht täglich Hunderte von Damen an sich vorbeiziehen, die mit zwei Stöcken herumlärmen und den Waldboden durchlöchern. Er hat mir wahrscheinlich dabei zugesehen, wie ich versuchte, an den halb verrotteten Installationen des Trimm-Dich-Pfades gymnastische Übungen zu absolvieren.

Den Trimm-Dich-Pfad gibt es nicht mehr, den Kauz schon. Der älteste Waldkauz, den man in der freien Natur gefunden hat, zählte achtzehn Jahre, meiner ist mit Sicherheit älter. Er wirkt jedenfalls so. Er wirkt reif, abgeklärt, beinahe weise. Er sitzt fast regungslos auf seinem Schornstein und wendet dem Betrachter meistens den Rücken zu. Wenn man nicht weiß, dass er da sitzt, hält man ihn für einen Teil des Schornsteins und auf eine gewisse Weise ist er das ja auch. Hat er die Farbe der Steine angenommen oder hat sich der Schornstein ihm angepasst? Wie ist so ein Waldkauzleben eigentlich? Haben wir es hier mit einer höheren Bewusstseinsstufe zu tun oder brütet der Waldkauz eher dumpf vor sich hin, vegetiert er da auf dem Schornstein herum und begreift nichts?

Sein täglicher Nahrungsbedarf beträgt 60–70 Gramm Fleisch und dazu reichen ihm vier bis fünf Mäuse. Der Wald ist voller Mäuse, er muss sie nur finden. Waldkäuze schlagen aber auch größere Säuger bis Eichhörnchengröße. Hin und wieder dreht mein Waldkauz den Kopf und dann blickt er mich von seinem Schornstein aus an. Er überprüft kurz, ob ich ein Säuger von Eichhörnchengröße bin. Er vergleicht mein Erscheinungsbild mit allen Eichhörnchen, die er gesehen hat, und kommt zu dem Ergebnis, dass ich nicht in sein Beuteschema passe. Das alles geschieht natürlich in Bruchteilen von Sekunden. Ist das klug von ihm? Wenn er mich schlagen würde, hätte er 1200 Tage zu essen.

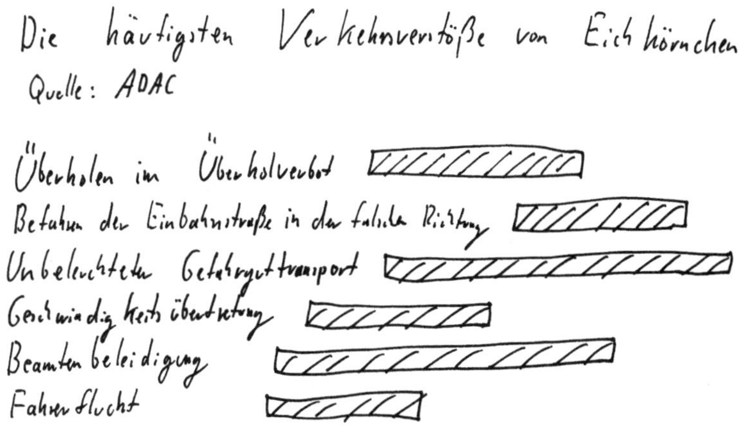
Die häufigsten Verkehrsverstöße von Eichhörnchen
Quelle: ADAC
Überholen im Überholverbot
Befahren der Einbahnstraße in der falschen Richtung
Unbeleuchteten Gefahrguttransport
Geschwindigkeitsüberschreitung
Beamtenbeleidigung
Fahrerflucht

Anzahl der getöpferten, geschnitzten, gegossenen oder mundgeblasenen Eulen in deutschen Wohnzimmern

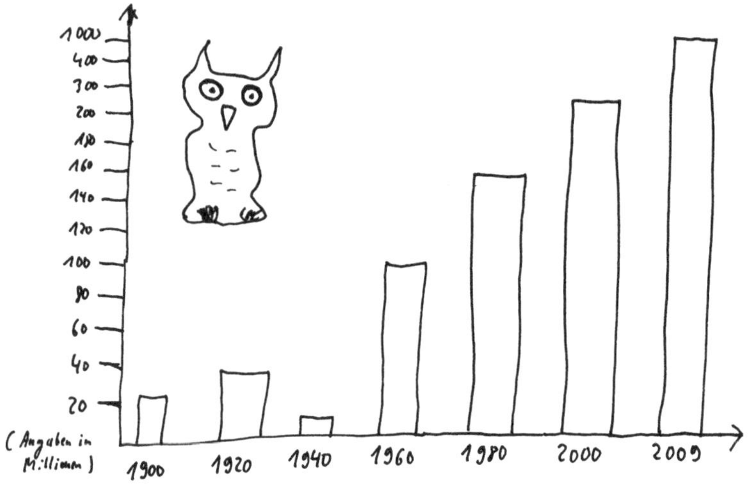

Quelle: Statistisches Bundesamt/I/10

Das bessere Wappentier

KANINCHEN *{Oryctolagus cuniculus f. domestica}*

Das reizendste, anmutigste und perfekteste Wesen in Gottes Schöpfung ist zweifellos das Kaninchen. Es ist schön an Gestalt, von bescheidener Art, lebt vegetarisch und verhält sich vor allem ruhig. Es schleimt sich nicht an den Menschen heran wie der Hund und frisst auch keine kleinen Vögel, wie die völlig überschätzte Katze. Das Kaninchen lässt sich nicht von Rentnern durch die Straßen zerren, um auf öffentlichen Gehwegen seine Notdurft zu verrichten. Es ist nicht stachelig, glitschig oder giftig, es ist weich, anschmiegsam und freundlich.

Das Kaninchen sitzt in seinem Stall und beobachtet. Es beobachtet, frisst und pflanzt sich fort – wenn man ihm Gelegenheit dazu gibt. Sonst beobachtet und frisst es nur. Man kann einen Menschen sehr gut danach beurteilen, wie er auf den Anblick eines Kaninchens im Stall reagiert. Sagt er „Mmmh, das ist aber ein leckerer Braten", dann müssen wir mit diesem Subjekt keinen weiteren Kontakt mehr pflegen. Selbstverständlich lässt sich ein Kaninchen auch schmackhaft zubereiten, aber erstens produziert man sich nicht vor einem Kaninchen als Komiker und zweitens zeugt so eine Bemerkung von einer erschreckenden Herzensrohheit. Ich kann das bestätigen, denn zwei Meter vor meinem Küchenfenster sitzt ein weißes Kaninchen. Es hat schwarze Augen, die von einem schwarzen Fellring umrandet werden. Wie das Kaninchen heißt, hat es mir nicht verraten – meine Tochter gab ihm den Namen Tinka, was eigentlich ein Pferdename ist, woraus man schließen kann, dass meine Tochter eigentlich ein anderes Tier haben wollte.

Doch wer weiß schon, wie Kaninchen wirklich heißen? Horst, Heinz, Erwin oder Joe, Jim oder Shorty? Merall, Chantal oder Senta? Vielleicht heißen sie auch Batz, Springer und Fellchen? Die Cree-Indianer nennen das Kaninchen Shwan-Sai-Te, das bedeutet so viel wie „Tier, dessen Namen man in Deutschland nicht kennt". In China bezeichnet man das Kaninchen als „Shen-Take" was so viel heißt wie „Nr. 37 mit Reis oder Glasnudeln". Man weiß in Deutschland viel mehr über Wale oder Haie als über Kaninchen. Aber kein Pottwal würde jemals zwei Meter vor unserem Küchenfenster herumliegen und uns schöne Augen machen. Das Kaninchen aber schaut mir mit seinen tiefschwarzen Augen aufmerksam zu, während ich einen Apfel esse oder Zeitung lese.

Sobald die Familie eine Mahlzeit einnimmt, fängt das Kaninchen auch an zu essen. Das zeugt von einem erstaunlichen Taktgefühl. Niemals schlingt das Kaninchen seine Nahrung in sich hinein, es knabbert bedächtig vor sich hin. Mit einem stinkenden Pansen kann man ihm überhaupt keine Freude machen. Ein Kaninchen wirkt immer interessiert. Dabei mischt sich das Kaninchen aber nie ein, so wie es andere Familienmitglieder ständig tun, es stellt keine Fragen und macht auch keine unerwünschten Vorschläge, obwohl das Kaninchen höchstwahrscheinlich vieles besser weiß.

Es kann mit zwei Ohren mehr als mit tausend Worten sagen. Es kann diese Ohren sogar unabhängig voneinander bewegen. Das Kaninchen ist auch keineswegs feige, es kann fauchen, beißen und kratzen. Das Kaninchen namens Tinka jagt Katzen, die vor seinem Stall herumlungern, einen heillosen Schreck ein, wir sind inzwischen überzeugt, es könnte auch Hunde in die Flucht schlagen. Kaninchen sind für ihre Sprungkraft bekannt. Sie können Hindernisse überspringen, die ihre Körpergröße um ein Mehrfaches übersteigen.

Dafür hat das Kaninchen sogar seinen eigenen Leistungssport namens „Kaninhop". Tinka ist 10 ½ Jahre alt, sie wurde entgegen sämtlichen Empfehlungen alleine gehalten, hat einen relativ kleinen Auslauf und wurde nie geimpft. Sie bekommt sehr unregelmäßig zu fressen, manchmal wache ich nachts auf und überlege, wer ihr wohl zuletzt etwas gebracht hat, und sehr häufig bin ich nachts um drei nur mit einem Schlafanzug bekleidet durch den Garten gewankt und habe einem heißhungrigen Kaninchen etwas zu essen und zu trinken gegeben.

Ich glaube, diese sehr unregelmäßige Versorgung hat mit zu ihrem Alter beigetragen. Sie wird quasi unter naturähnlichen Bedingungen gehalten, denn draußen gibt es ja nicht nur Kännchen, sondern manchmal eben gar nichts. Genau betrachtet habe ich in den letzten zehn Jahren mehr Zeit mit dem Kaninchen als mit jedem anderen Familienmitglied verbracht. Tinka draußen in ihrem Stall und ich in meinem Laufrad vor dem Computer. Das Kaninchen sollte ein Vorbild für unser ganzes Volk sein. Aber das deutsche Wappentier ist der Adler, ein vollkommen überschätzter Vogel, der sich hauptsächlich von Kaninchen ernährt. Ob ein Staat, der so viel auf seine pazifistischen Grundwerte hält, sich ausgerechnet mit einem aggressiven und brutalen Tier wie dem Adler schmücken sollte, bezweifeln wir. Würde im Reichstag stattdessen das Bundeskaninchen hängen, wäre das ein ganz anderes Signal an die Völker der Welt.

Im Gegensatz zu seinen politischen Vertretern, bekennt sich das deutsche Volk entschlossen und eindrucksvoll zum Kaninchen. Es gibt allein 185.000 offiziell registrierte Mitglieder im Zentralverband Deutscher Kaninchenzüchter (ZDK). Kein anderes Volk auf der Welt hat sich so vehement der Aufzucht, Pflege und Veredelung dieses Tieres verschrieben. Etwa 2 ½ Millionen Kaninchen leben überirdisch in Ställen, Ausläufen und Transportboxen. Noch mal so viele ihrer wilden Verwandten leben unterirdisch und haben Deutschland mit einem komplexen System von Gängen und Schlafhöhlen untergraben. Diese architektonische Meisterleistung wird natürlich nirgendwo gewürdigt, und Kaninchen erwarten das auch gar nicht. Die ZDK-Mitglieder züchten über 70 anerkannte Rassen, darunter finden sich so fantastische Exemplare wie „Deutsche Riesenschecken", „Weiße Hotot", „Blaugraue Wiener", „Sachsengold", „Russen-Rex", „Kastanienbraune Lothringer" und der etwas bedrohlich klingende „Separator". Ein Tier, das sich zu DDR-Zeiten bestimmt großer Beliebtheit erfreute.

Wahrscheinlich kann das Kaninchen jede beliebige Gestalt annehmen. Über die „Deutsche Riesenschecke" lesen wir: „Das Mindestgewicht dieser großen Rasse liegt bei 5 kg, das Normalgewicht über 6 kg, ein Höchstgewicht gibt es nicht." Eine 30 t schwere Riesenschecke wäre also im Bereich des Möglichen, ein Tier, das ganz Ostdeutschland endgültig verwüsten könnte.

Aber das Kaninchen zieht diese Möglichkeit nicht einmal in Betracht, weil es im Grunde seines Herzens friedlich ist. Durch die intensive Kaninchenzucht leistet Deutschland einen entscheidenden Beitrag zur Verbreitung des Weltfriedens. Würden alle Länder der Erde statt Waffen Kaninchenställe bauen, dann gäbe es auf der Welt möglicherweise endlich dauerhaften Frieden, auf jeden Fall aber sehr viel mehr Kaninchenställe.

Der, der genug gesehen hat

MÄUSEBUSSARD *{Buteo Buteo}*

Bevor man dazu kommt, den Mäusebussard zu beobachten, hat er einen längst und zwar oft minutenlang selber beobachtet. Er kreist hoch und geräuschlos in der Luft und sieht einem zu, wie man Rasen mäht, Laub harkt oder den Mülleimer rausstellt. Der Mäusebussard hat ein ganzes Wohnviertel, einen kompletten Stadtteil im Blick. Es ist jedenfalls kein Problem für ihn, uns aus mehreren Hundert Metern Höhe zu erkennen, wir machen ja genug Lärm mit dem Rasenmäher und bewegen uns dabei auch noch. Der Mäusebussard sieht auch, was wir auf dem Schreibtisch liegen haben und prüft, was in unserem Terminkalender steht (Rasenmähen/Mülleimer rausstellen). Sieht er auch, was wir im Kühlschrank haben, obwohl da kein Licht brennt? Das hat die Wissenschaft noch nicht herausgefunden. Der Mäusebussard sieht auch so genug, zum Beispiel, wenn wir abgestorbene Äste zum Nachbarn rüberwerfen. Interessiert ihn aber nicht, denn er ernährt sich nicht von Ästen, sondern von Aas. Und Mäusen. Wenn wir beim Rasenmähen tot zusammenbrechen, dann haben wir uns zwar in Aas verwandelt, aber der Mäusebussard erkennt mit seinen guten Augen, dass wir zu groß für ihn sind, außerdem ist die Landefläche zu unübersichtlich. Hin und wieder lässt der Bussard seinen charakteristischen Ruf ertönen, der in Fachwerken als „hiääh" beschrieben wird. Und das ist dann der Moment, wo wir nach oben schauen und den Bussard sehen. Jetzt erst beginnen wir mit der Beobachtung, während der Vogel meist abdreht, weil er genug gesehen hat.

Die häufigsten Entschuldigungen in Kuckuckskreisen

(Quelle: Forstamt Oberursel)

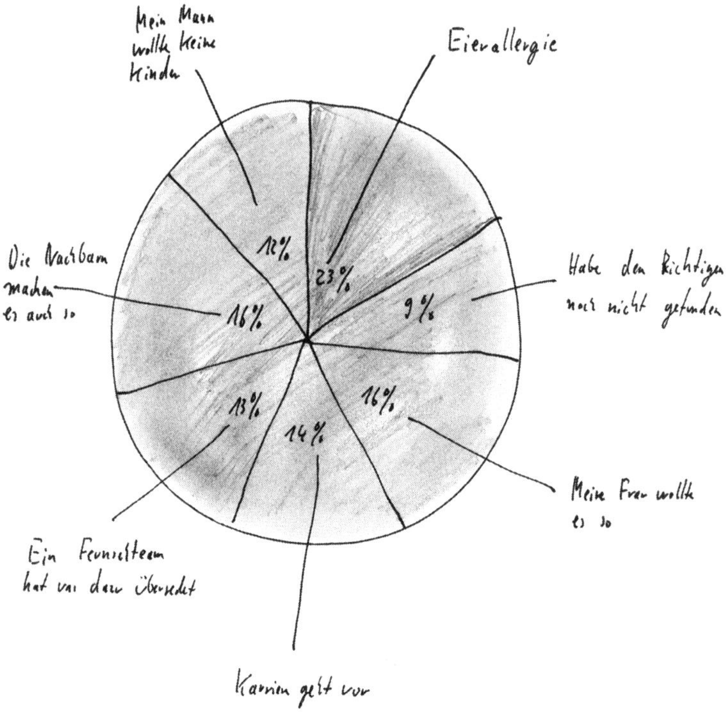

Die Arbeit machen die anderen

KUCKUCK *{Cuculus canorus}*

Der Kuckuck ist gut zu hören aber schlecht zu sehen. Wie der Zilpzalp und der Uhu ruft er ständig den eigenen Namen, was keine geringe Leistung ist, so als ob die Kohlmeise ständig „Kohlmeise, Kohlmeise“ rufen würde. Sie bringt es aber nur zum „Zi-zi-be“. Ich habe erst einmal im Leben einen Kuckuck gesehen, er war eigentlich zu weit weg, um ihn eindeutig zu identifizieren, aber er nannte seinen Namen und damit hatte er sich verraten. Gehört habe ich den Kuckuck schon häufiger. In Deutschland arbeiten viele Kuckucke in Wanduhren, wo sie immer zur vollen Stunde aus einer Klappe geschossen kommen und „Kuckuck“ rufen. Das ist keine artgerechte Haltung. Vögel sollen nicht in Uhren gehalten werden.

Der Naturschutzbund Nabu hat den Kuckuck zum „Vogel des Jahres 2008“ ernannt. Eine fatale Entscheidung, denn damit wird ein völlig falsches Signal gesetzt. Firmen werden dadurch regelrecht ermuntert, Teile ihre Produktion ins Ausland zu verlagern, denn nichts anderes macht der Kuckuck. Er lagert die Endfertigung und Wartung seiner Kinder in fremde Nester aus, angeblich, weil er selber keine Kapazitäten dafür frei hat. Die Linkspartei hat sich bereits von der Entscheidung des Nabu distanziert und erklärt, der Kuckuck sei eine Marionette des Kapitals, das käme allein schon durch die drei „K's“ in seinem Namen zum Ausdruck. Er belaste die Allgemeinheit, indem er ihr die Kosten für die Kinderaufzucht aufbürde. Ein Sprecher der IHK befürchtet dagegen, Jobsuchende könnten sich durch den Kuckuck ermutigt fühlen, andere die Drecksarbeit machen zu lassen und selber auf Fernreisen zu gehen. Genau wie der Kuckuck, der bis zu 12.000 km im Jahr zurücklegt, um sich in warmen Ländern von den Strapazen des Schmarotzens zu erholen. Das Bundesfamilienministerium will überprüfen lassen, wieviele Kuckucke sich in diesem Jahr unrechtmäßig Elterngeld erschlichen haben. Trotz seines zweifelhaften Lebenswandels hat es der Kuckuck nicht leicht.

Vogelschützer warnen im Gegenteil, dass es der Kuckuck immer schwerer haben wird, sich erfolgreich fortzupflanzen. Er kommt nämlich trotz Erderwärmung erst Mitte April aus Afrika nach Europa zurück, und da brüten inzwischen schon die meisten anderen Vögel, denen er bisher die Aufzucht seiner Jungen übertragen hatte. Man könnte nun sagen, soll der Kuckuck doch einfach brüten lernen, sonst muss er eben aussterben. Aber der Kuckuck ist immerhin Vogel des Jahres 2008, er wurde nie zum Brüten ausgebildet, das Rumsitzen auf Eiern ist ihm ein Greuel. Soll die Bundesregierung jetzt etwa ein großes Kuckuckumschulungsprogramm auflegen? Sollen Kuckucke in Zukunft ihre parasitären Neigungen aufgeben und in der Legebatterie arbeiten? Damit wir dann Kuckuckseier essen müssen? Lieber sollten sich kinderlose Ehepaare überlegen, ob sie nicht ein paar junge Kuckucke adoptieren und aufziehen wollen. Tierschützer erklärten, sollte es dem Kuckuck nicht gelingen, sich fortzupflanzen, verliert er seinen Titel als Vogel des Jahres wohl nachträglich. Dann droht ihm Altersarmut, denn er hat keine Kinder, die für seine Rente arbeiten könnten, jedenfalls kennt er sie nicht.

Ein Tier, das man mit Zangen fängt

ZECKEN *{Ixodida}*

Zecken gehören zu den gefährlichsten Lebewesen überhaupt. Sie saugen aus einem Menschen heraus, was der Hegdefondberater noch übrig gelassen hat. Zeckenbisse führen zu chronischen Krankheiten oder zum Tode. Zecken lauern sogar im Weihnachtsbaum! Ihre Opfer sind Kinder, die dort ihre Geschenke auspacken und Erwachsene, die vor lauter Bescherungsstress völlig betrunken unter dem Baum liegen bleiben. Wie kommt man ohne Gefahr für Leib und Leben an die Geschenke ran? Schickt man die Großmutter vor, weil die eh nicht mehr so lange zu leben hat? Bestellt man einen Kammerjäger, der dann als Weihnachtsmann verkleidet die Geschenke aus der tödlichen Weihnachtsbaumzone holt und dabei unauffällig die Zecken vergiftet? Oder kauft man sich noch schnell für 200 Euro eine drei Meter lange Zeckenzange, mit der man die Gaben aus sicherer Entfernung abgreifen kann?

Die Zecke tritt uns eher in der wärmeren Jahreszeit gegenüber und auch da entfaltet sie von Jahr zu Jahr eine immer größere Gefährlichkeit. Jedesmal überleben erschreckend viele dieser Tiere den Winter und sind dann auf der Suche nach einem geeigneten Wirtstier – dem Deutschen. Weil die Hälfte der Bevölkerung übergewichtig ist, wird sie zu einer leichten und nahrhaften Beute der Blutsauger. Auf 80 Millionen Deutsche könnten etwa acht Milliarden Zecken kommen. Das wären 100 Zecken pro Person. Die Zecken warten im Gras, in Flurlampen und Telefonhörern, oft tarnen sie sich auch als

Kopfkissen, um uns dann nachts komplett auszusaugen. Bevor man in den Supermarkt gehen kann, muss man erst den Zeckenoverall anziehen. Zecken-Suits von Karl Lagerfeld werden der Renner der Saison. Und die ganz modebewußten tragen dazu die Zeckensammelhandtasche von Prada mit integrierter Zeckenzange von Alessi.

Fast alle Zecken sind mit Bakterien infiziert. Warum werden dann eigentlich nicht die Zecken geimpft? Die Zecke kann ihre zerstörerische Wirkung in drei Wochen, aber auch erst in dreißig Jahren entfalten.

Und kaum tritt die Zecke auf den Plan, wird unser Land auch noch von einer Zeckenexpertenplage heimgesucht. Auf allen Sendern treiben sie ihr Unwesen. Sie verbeißen sich in jedes Studio und lassen nicht eher locker, bis sie zehn Minuten Sendezeit herausgesaugt haben. Der Zeckenexperte kann in männlicher oder weiblicher Form auftreten, mit bloßem Auge sind sie nur schwer zu unterscheiden. Das Männchen hat meist die tiefere Stimme, während das Weibchen bedenklicher gucken kann. Wenn Ihr Bildschirm von Zeckenexperten befallen ist, bewahren Sie Ruhe. Nehmen Sie eine Pinzette, ziehen Sie damit den Netzstecker Ihres Gerätes aus der Steckdose und warten Sie zehn Minuten. Meist sind die Zeckenexperten anschließend verschwunden. Man hat noch nicht herausgefunden, wie Zeckenexperten überwintern, wahrscheinlich fallen sie in eine Art Kältestarre. Im Mai beginnen die Zeckenexperten dann gemeinsam mit Maikäferfachmännern und dem Nahostexperten Peter Scholl-Latour auszuschwärmen und sind bis in den August äußerst rege. Dann aber werden sie auf den heimischen Bildschirmen von Wespenexperten verdrängt. Wenn Sie denen entgehen wollen, sollten Sie vor dem Fernseher keinen Pflaumenkuchen essen.

Ein toller Käfer

MAIKÄFER *{Melolontha}*

Jedes Jahr liest man von neuen, immer größeren Maikäferplagen. Die Tiere fressen mal in Hessen, mal in Sachsen-Anhalt und dann wieder im Saarland die Bäume oben kahl und knabbern deren Wurzeln unten an, sodass ganze Wälder einfach umkippen. Ich lebe inzwischen mehr als ein halbes Jahrhundert auf diesem Planeten und ich habe nur einmal einen Maikäfer gesehen. Möglicherweise leide ich an einer bislang unentdeckten Maikäferblindheit, da die Welt doch dicht von diesen Käfern bevölkert zu sein scheint. Den einzigen Maikäfer meines Lebens hatte mir meine Mutter vom Nachtdienst im Krankenhaus mitgebracht. Der Maikäfer war kein Patient, sondern hatte sich wohl nur in einer lauen Sommernacht vom Neonlicht angelockt in die Räume der „Inneren Männer-Station" verirrt. Meine Mutter überreichte ihn mir am nächsten Morgen noch vor dem Frühstück in einem mit Gras gepolsterten Pappkarton. Ich erinnere mich noch heute an den merkwürdigen Geruch, den der Käfer verbreitete, vielleicht kam der auch vom ehemaligen Inhalt des Krankenhauspappkartons. Ich nahm ihn mit in die Schule, was mich sofort zum beliebtesten Drittklässler machte. Niemand hatte einen eigenen Maikäfer und ich widerstand hartnäckig allen Forderungen „das Vieh" doch mal „fliegen zu lassen". Die Lehrerin lobte mich für meinen Forscherdrang, denn ich behauptete natürlich, den Käfer selbst gefangen zu haben. Ich bekam Besuch von Mitschülern, die sonst nichts mit mir zu tun haben wollten, und sogar Mädchen meldeten sich an, um meinen Maikäfer zu sehen. In meinem Zimmer ließ ich ihn dann auch fliegen, was meine Popularität noch steigerte. Der Käfer brummte munter vor sich hin und ließ sich mal auf den Blättern des Gummibaums und mal auf meinem Guinnessbuch der Rekorde nieder. Hin und wieder musste man ihn auch unter dem Bett hervorholen. Der Maikäfer war mein kostbarster Besitz, aber nach etwa drei Wochen starb er. Sein Tod katapultierte mich endgültig ins soziale Abseits, in dem ich sowieso schon mit einem Bein stand, seit ein neuer Schüler in unsere Klasse gekommen war, der einen roten Vollgummiball und das Original James Bond Auto von Corgi Toys hatte. Dagegen konnte ein toter Maikäfer nicht mehr anstinken.

4 | WAL UND WELT

Der Autor begibt sich ausnahmsweise sehr weit außer Haus und damit automatisch in Gefahr. Er lebt unerkannt unter Gnus und Zebras und taucht ungeschickt zwischen Rochen und Walhaien. Er sieht zum ersten Mal im Leben den Steppenkibitz und der Steppenkibitz sieht zum ersten Mal den Autor.

Ausgestorben mit leicht melancholischen Augen

QUAGGA *{Equus quagga quagga}*

Wer Tiere im Allgemeinen als zu unruhig und hektisch empfindet und sich deshalb von der Tierbeobachtung überfordert fühlt, der sollte sich zunächst auf das Quagga konzentrieren, denn dieses Tier ist ein sehr dankbares Forschungsobjekt.

1883 starb das letzte Quagga im Amsterdamer Zoo, wild lebende Tiere sollen noch Anfang des 20. Jahrhunderts in Südafrika gesichtet worden sein, doch seitdem ist das Quagga ausgestorben. Vom Aussehen her eine Mischung zwischen Zebra und Esel mit deutlich höheren Zebraanteilen, aber weniger Streifen. Normalerweise gestaltet es sich schwierig, so ein Tier heute noch zu beobachten. Aber wer sich auskennt, weiß: die größten Quaggabestände der Welt gibt es in Deutschland. Insgesamt neun Tiere sind hier zu besichtigen und im Rhein-Main-Gebiet kann man sechs Quaggas in drei Stunden schaffen. Die Quagga-Safari beginnt man am zweckmäßigsten in Frankfurt. Nehmen Sie ausreichend Proviant und vor allem Wasser mit, denn das Quagga ist an ziemlich trockenen Orten zu Hause, dafür können Sie ganz nah an die Tiere herangehen. Im Frankfurter Stadtteil Bockenheim, im Schatten der Bankhochhäuser, hat ein besonders schönes Exemplar die Jahre fast unbeschadet überstanden. Nehmen Sie vom Hauptbahnhof die U4 bis zur Universität. Gehen Sie Richtung Messe, bis Sie vor dem Senkenbergmuseum stehen. Lassen Sie sich nicht von den Saurierskeletten ablenken, sondern nehmen Sie die erste Treppe links, biegen am Okapi rechts ab und pirschen langsam am Gürteltier vorbei, bis Sie vor dem Quagga stehen. Ein wunderschönes Tier, kaum Risse im Fell und sehr ausdrucksstark präpariert. Es teilt sich die Vitrine mit einem Bergzebra, beide vertragen sich anscheinend gut. Von Frankfurt nehmen Sie die A5 Richtung Basel, bis Darmstadt vor Ihnen auftaucht, parken Sie direkt am Hessischen Landesmuseum, gehen Sie zügig geradeaus am Elefantenskelett vorbei, schauen Sie nach links und blicken Sie einem weiteren gut erhaltenen Quagga direkt in die leicht melancholischen Augen. Kein Wunder, es ist ja auch ausgestorben.

Sie verlassen jetzt Darmstadt und halten sich nordwestlich Richtung Wiesbaden. Versuchen Sie die naturhistorische Landessammlung des Museums Wiesbaden zu finden, denn mitten darin steht schon wieder ein Quagga. Großartig in Schuss, wenn man bedenkt, dass es seit 1865 in Wiesbaden zu Hause ist. Versäumen Sie auch nicht das Kaplöwen-Pärchen. Die natürlichen Feinde der Quaggas und logischerweise fast zeitgleich ausgestorben. So ein Löwenpaar gibt es weltweit nur hier in Wiesbaden.

Aber jetzt nähern Sie sich dem Höhepunkt der Quagga-Safari. Überqueren Sie den Rhein an einer geeigneten Stelle (z. B. Brücke o. Ä.), fahren Sie nach Mainz ins Naturhistorische Museum. Halten Sie sich von der Kasse aus links und am Ende des Raums gleich wieder rechts. Lassen Sie den Somali-Wildesel und den Onager links liegen, denn danach erwarten Sie: „Die 3 Mainzer Quaggas“. Steht extra dran. Ein Hengst, eine Stute, ein Fohlen. Drei Quaggas auf einmal! Das gibt es nur in Mainz. Genießen Sie den unvergesslichen Anblick, auch wenn die Felle schon etwas rissig wirken – wer weiß, wie Sie aussehen, wenn Sie ausgestorben sind.

Was Eulen im Dunkeln besser sehen können als Menschen

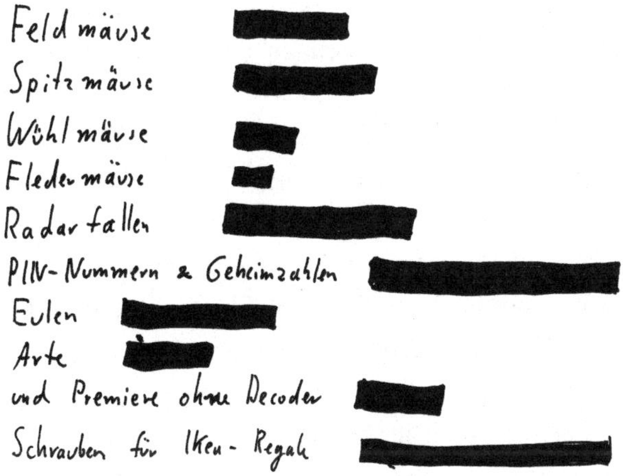

Ein Herdentier kommt selten allein

GNU *{Connochaetes gnou}*

Meine erste Nacht in Tansania verbringe ich in der Kia Lodge in der Nähe des Flughafens. Ich schlafe in einem geräumigen Bungalow mit Doppelbett, Moskitonetz und Gideons Bibel in der Nachttischschublade. Auf dem Schreibtisch liegt eine lateinisch/englische Liste mit 104 Vögeln, die auf dem Hotelgelände vorkommen. Der African Hoopoo würde mich interessieren, *Upupa african*, ich tippe, es handelt sich um den afrikanischen Wiedehopf, aber der schläft jetzt. Über meiner Tür lauern ein halbes Dutzend Eidechsen und blicken mich aus gold oder schwarz schimmernden Augen an. Auf der Laterne, die den Weg zum Haus erhellt, sitzt ein rötliches Geckowesen mit trichterförmiger Schnauze. In der Bar sitzen dagegen hauptsächlich Schweizer. Man serviert das etwas ausdruckslose Kilimanjaro Premium Lager, dessen Flaschen aber ein wunderschönes Etikett haben. Oben natürlich der namensgebende Berg und darunter ein markanter Giraffenkopf. Als ich den letzten Schluck genommen habe, stürzt sich der Barkeeper wie ein Panther auf die leere Flasche und stellt mir eine neue hin. Die afrikanischen Bierbrauer versichern auf dem Etikett, sie hätten alle Zutaten genau im richtigen Moment geerntet, zusammengefügt und gebraut, damit ich immer das genau richtige Bier vor mir habe. Das überzeugt mich so, dass ich mir von dem Panther noch das dritte Kilimanjaro Lager geben lasse.

Den Ngorongoro Krater hatte ich mir großartiger vorgestellt. Es ist Trockenzeit, alles wirkt sehr stark ausgeblichen, auch die Tiere.

Wie in alten Büchern. Von oben erkennt man, der Krater wird hauptsächlich von Gnus bevölkert. Sie sind in fast allen Herdengrößen vertreten. Kaffernbüffel sind ebenfalls zu erkennen und ein einsamer Strauß, doch natürlich füllen viel mehr Tiere den Krater. Wenn man vom Kraterrand in die Tiefe blickt, ist man fast 3000 m hoch. Als Erstes kreuzen drei Thompson-Gazellen unseren Weg, dann Warzenschweine, Gnus, Elefanten, Zebras, Riesentrappen, Kronenkraniche, Flusspferde, schließlich zwei Löwen, ein Männchen und ein Weibchen, die sich an den Rand eines Grabens gelegt haben. Man sieht große Schwärme von Safari-Fahrzeugen, die einträchtig neben Gnu- und Zebraherden unterwegs sind. Die Safariwagen lassen sich nicht stören und haben sich anscheinend gut an die Tiere gewöhnt. Manchmal wenn sich das Gerücht verbreitet, jemand habe ein Nashorn gesehen, sind sie in wilder Flucht unterwegs zum Ort des mutmaßlichen Geschehens.

Am späten Nachmittag ergibt sich immerhin noch ein kleines Abenteuer: Ein Löwe liegt unter einem Baum im Gras und eine Zebraherde läuft direkt auf ihn zu, weil sie ihn anscheinend wegen des ungünstigen Windes nicht gerochen haben. Als sie höchstens zwanzig Meter entfernt sind, springt der Löwe plötzlich auf und sie laufen davon. Der Löwe bleibt schon nach drei Schritten stehen, es sieht so aus, als habe er nur mal kurz „Buh" gerufen, auch die Zebras haben die Sache irgendwie nicht richtig ernst genommen.

Bei der Mittagsrast versammeln sich Webervögel um die Autos, sie kommen sogar herein und suchen die Krümel vom Boden auf. So wie Nilpferde, Giraffen und Nashörner von Madenhackern bewohnt werden hat auch der Mensch einen Vogel, der ihn sauber hält.

Um 7.30 Uhr beginnen wir am nächsten Morgen eine fast fünfstündige Reise zum nächsten Camp. Je näher man dem Serengeti National Park kommt, umso häufiger stehen in unregelmäßigen Abständen Strauße herum. Vielleicht sind es auch regelmäßige Abstände, man begreift aber die Regel nicht. Vom Strauß hört man, dass er ein unglaubliches Tempo entwickeln kann, aber ich habe weder hier noch in Namibia einen Strauß gesehen, der schneller als drei Kilometer in der Stunde unterwegs war und das mit vielen Pausen. Wahrscheinlich heben sie sich alle ihre Energie für den Moment auf, wo sie dann tatsächlich mit 60 Stundenkilometern durch die Landschaft jagen.

Das Leben in der Savanne ist durch eine unglaubliche Geruhsamkeit geprägt. Friedlich grasen scheint die Hauptbeschäftigung der meisten zu sein, jedenfalls trifft das für die Gnus und Zebras zu. Sie bevölkern zu Tausenden die großen Grasflächen und irgendwann starten die Gnus dann ihre legendären Wanderungen, sie ziehen vom Nachmittagsfriedlichgrasplatz zum Abendsfriedlichgrasundanschließendhinlegplatz. Hier sind noch mehr Safarifahrzeuge unterwegs, der 4-Wheel-Drive ist kein seltener Besucher, auch er wandert und wandert auf verschlungenen Wegen, immer auf der Suche nach besonderen Tieren. Das Gnu ist überhaupt nichts Besonderes, wenn es allein ist, da zählt nur die beeindruckende Masse, ähnlich wie beim Zebra. Das Schicksal von Herdentieren, an ein paar Dutzend fährt man schnell vorbei. Die einsame Riesentrappe wird kaum zur Kenntnis genommen, aber der Leopard, der sich zum Schlafen geschickt im Baum verstaut hat, gilt schon eher als Sensation. Er bewegt sich nicht, lässt den Schwanz in der Luft hängen und wird hingebungsvoll fotografiert. Er ist zwar etwas weit weg, aber es könnte ja der Letzte gewesen sein, den man zu Gesicht bekommt.

Im Gästebuch der Lodge liest man, "god walked this road", "a Paradise of nature", "heaven on earth", "a paradise setting, excellent food, friendly staff, perfect for a Honeymoon", "Milford wrote: Paradiese's lost but is right here".

So stellen sich die Leute also das Paradies vor. Vier Mahlzeiten am Tag, vom farbigen Personal bedient werden, und eine halbe Stunde Internet kostet 5,– Dollar. Selbst am Haupteingang des Nationalparks liest man die Worte: “World’s last Eden”. Im Gegensatz zum biblischen Vorbild hat dieses Paradies hohe Eintrittspreise, Öffnungszeiten und genaue Regeln. Verboten ist nicht der Verzehr von Äpfeln, aber das Verlassen der Fahrzeuge, das Füttern und die Mitnahme von Tieren, Feuermachen, wildes Campen und vieles mehr. Weil die Strafen exorbitant sind, halten sich fast alle an diese Regeln, und deshalb wurden die Menschen aus diesem Paradies ausnahmsweise noch nicht vertrieben.

Man sollte sich von dem Gedanken lösen, dass man hier ständig Augenzeuge großartiger Dramen wird. Das ist nur in Tierdokumentationen so, wo vier Kamerateams drei Jahre lang jeden Tag filmen. Im Fernsehen sieht man dann, wie zu dramatischer Musik nur gejagt, geflüchtet und getötet wird. In Wirklichkeit beobachtet man einen Nachmittag lang zwei Geparden, die eine Gnuherde beobachten. Und man denkt, da muss gleich was passieren, da muss es Tote geben. Es passiert aber nichts, und Musik hört man auch keine.

Reizend ist es, einer Warzenschweinfamilie zuzusehen. Kaum hält man an, rennen die drei Jungen in wilder Panik davon, so als wollten sie der Mutter zeigen, wie gut ihre Fluchtinstinkte funktionieren. Sie schlagen einen weiten Bogen um den Wagen, die Mutter läuft eher gemächlich hinterher und scheint zu denken, jetzt übertreiben sie es aber ein bisschen.

Im letzten Garten Eden haben nur Tiere ein Dauerwohnrecht. Sehr viele Tiere. Mit der Regenzeit beginnt die große Gnuwanderung. Über 1,7 Millionen Tiere ziehen vom Norden in die Serengeti, die Weidegründe sind schwarz vor Gnus und – um im Bild zu bleiben – gestreift vor Zebras. Diese beiden Tierarten scheinen jede verfügbare Grasfläche in Besitz genommen zu haben. Und auch außerhalb der Regenzeit sind die Gnus in langen Trecks unterwegs – vom Weide- zum Schlafplatz. Will man alle vorbeilassen, kann das durchaus eine halbe Stunde dauern und dann kommen schon wieder welche. Man könnte glauben, die sind um den Wagen herumgelaufen und haben sich wieder hinten angestellt.

Das muss man auf sich einwirken lassen und mit allen Sinnen aufnehmen. Das Donnern der Hufe, das Schnauben der Tiere, die Staubwolken, der strenge Wildgeruch und auch die Myriaden von Fliegen, die untrennbar zu den Gnus gehören. Sie übertragen eine harmlose Krankheit, bei der man plötzlich anfängt, wild mit den Händen vor dem Gesicht herumzufuchteln. Folgen die Fliegen den Gnus oder die Gnus den Fliegen? Aus dem Safarimobil lässt sich das nicht erkennen.

Viele Besucher der Serengeti sind beinahe so ruhelos unterwegs wie die Gnus. Sie suchen allerdings keine Weidegründe, sondern immer neue Sensationen. Die abendlichen Tischgespräche in den Unterkünften beginnen gerne mit dem Satz: "Did you see the leopard?" Natürlich habe ich den Leoparden gesehen; es war heute nur einer da; und den hat jeder hier gesehen. Sobald irgendwo mehr als drei Wagen versammelt sind, müssen Raubkatzen in der Nähe sein, so viel verstehe ich inzwischen von der afrikanischen Natur.

Zebras können weitaus interessanter sein. Weil es so unglaublich viele davon gibt, neigt man dazu, sie zu übersehen, aber das ist ein Fehler. Kein Zebra sieht aus wie das andere und keines benimmt sich wie das andere. Unglaublich, wie viele Geschichten sich in so einer Herde gleichzeitig abspielen. Das ist so, als hätte man den Bewohnern einer Kleinstadt die Häuser über dem Kopf weggezogen und könnte sie nun alle beobachten. Es gibt immer eine Dreiergruppe, die sich weit von der Herde entfernt hat und irgendetwas auszuhecken scheint. Einige streiten sich, manche wälzen sich hingebungsvoll im Staub, und andere kraulen sich zärtlich die Mähnen. Zebras wirken oft richtiggehend ausgelassen, sie haben anscheinend auch Spaß, eine Zeitlang geradezu verzweifelt und hilflos vor dem Wagen herzulaufen, um dann plötzlich vergnügt nach rechts oder links auszuweichen.

Nachts hört man sie bellen und husten, und das klingt dann nach einem ganz anderen, gar nicht mehr so harmlosen Tier. Vielleicht wechseln sie nachts das Fell? Sie laufen mitten durch das Camp oder stellen sich direkt unter das Fenster der Lodge. Von allen größeren Tieren scheinen sie uns am deutlichsten wahrzunehmen.

Wir beobachten die Tiere, sie beobachten uns, die Serengeti ist eine Überwachungsgesellschaft. Man sagt, die Tiere hätten sich an uns gewöhnt, aber vielleicht sehen sie das ähnlich: Wir haben uns an sie gewöhnt, sind zahm geworden, laufen nicht weg, wenn mal ein Zebra plötzlich aufspringt. Fast könnte man uns streicheln.

„Es sind eigentlich nur die Nashörner, die unter den Touristen leiden", sagt Dr. Markus Borner, der Leiter des Koordinierungsbüros der Frankfurter Zoologischen Gesellschaft. Die Geparden haben dagegen einfach ihre Jagdgewohnheiten geändert und lauern jetzt bevorzugt zwischen zwölf und 14 Uhr auf Beute, wenn die Touristen die üppigen Buffets in ihren Unterkünften abweiden.

Der Serengeti-Nationalpark gilt als Vorzeigeprojekt in Sachen Naturschutz. Er finanziert nicht nur sich, sondern auch alle anderen tansanischen Parks. Die meisten Hauptwege sind in gutem Zustand, die Wildpopulation wächst und dass, obwohl sich die Touristen auch kräftig vermehren.

Nur Nashörner sind wirklich sehr selten hier, denn die Wilderer stellen den empfindlichen Tieren immer noch nach. Das pulverisierte Horn wird in Asien als Potenzmittel geschätzt. Beim Abendessen auf Hühnchenbasis sagte mein Tischnachbar, ein Rentner aus Minnesota, wenn man sich mal überlege, wieviel Chinesen es gibt, dann könne an der Sache mit dem Horn wohl doch etwas dran sein.

Als Frühaufsteher wird man in der Serengeti reich belohnt. Kurz nach sechs umkreisen wir eine etwa dreißig Meter hohe Felsformation und begegnen einer Löwengroßfamilie. Ein mächtiges Männchen wacht einsam auf freiem Feld, drei Weibchen trotten gemessenen

Schrittes auf die Felsen zu. Unter einem Baum zerlegen eine Mutter und ihre drei Jungen ein frisch erlegtes Gnu. Der Mensch und seine Safariautos stören den Löwen nicht im Geringsten. Er strahlt eine ungeheure Souveränität aus, wirkt völlig abgeklärt, kein Muskel, keine Wimper zuckt, wenn neben ihm ein Motor angelassen wird oder zwei Engländerinnen schreien: "How cute". Das berührt den Löwen nicht, er überquert einen Meter vor der Kühlerhaube die Piste, ohne sich umzusehen.

Auf dem Rückweg kreuzen Giraffen den Weg. Wenn man die Giraffe länger betrachtet, könnte man glauben, das Tier sei evolutionär benachteiligt. Es kommt zwar oben überall problemlos dran, aber man weiß doch, dass die günstigen Sachen immer unten im Regal liegen. Andererseits hat die Giraffe sich eine weitgehend regalfreie ökologische Nische ausgesucht und deshalb gute Überlebenschancen. Giraffen scheinen in einer eigenen Dimension mit einer eigenen Geschwindigkeit zu leben. Wenn sie rennen, geschieht das für unsere Augen in Zeitlupe. Alles wirkt langsam und bedächtig, aber wahrscheinlich kann das träge menschliche Auge ein so großes Wesen gar nicht exakt wahrnehmen.

Am Nachmittag folgen wir den Schildern zum „Hippo Pool", der vor ausgeschlafenen Flusspferden geradezu brodelt. Sie bereiten sich auf ihren nächtlichen Ausflug vor, wobei sie dann die Landschaft auffressen. Zweihundert Tiere mögen im „Pool" sein und sie lassen die etwa fünfzig menschlichen Beobachter nicht aus den Augen. Flusspferde achten sehr strikt auf die Einhaltung ihrer Gebietsgrenzen, die man allerdings nicht so richtig erkennen kann, sonst wäre man ja selber ein Nilpferd. Ständig öffnet sich irgendwo ein mächtiges Maul, ein Moment, den man natürlich unbedingt fotografieren will. Zum Glück gähnt so ein Flusspferd sehr lange, und wenn eines das Maul zuklappt, reißt ein anderes es wieder auf. Im Hotel betrachte ich voller Stolz meine 254 Bilder von sperrangelweiten Flusspferdmäulern.

Mein englischer Tischnachbar lächelt müde und zeigt mir seine 1532 Schnappschüsse, einer gähnender als der andere.

Am nächsten Morgen fliege ich vom Serengeti-Airport mit einer kleinen Maschine zurück nach Arusha. Eine Gruppe von Zebras betrachtet interessiert mein Gepäck, während ein Marabu wichtig über die Landebahn schreitet. Mehr Tiere sind leider nicht erschienen, um sich von mir zu verabschieden. Nach einem halbstündigen Flug chauffiert mich ein Fahrer wieder zum International Airport Kilimanjaro. Er ist höchstens 25 Jahre alt und als er hört, wohin ich fliege, lächelt er: "Frankfurt? Grzimek! He was a good man! Be proud of Grzimek, Mr. Hans." Was hiermit geschehen ist.

Unterwegs in der Bärenrepublik

EISBÄR {*Ursus maritimus*}

Montag 5.48 Uhr. Ich stehe auf einem Bahnsteig im Vordertaunus und warte auf die S-Bahn, die mich zum Frankfurter Hauptbahnhof bringen soll. Von dort geht die Fahrt nach Nürnberg. Am Tag zuvor hat eine Schafherde in der Nähe von Fulda einen ICE zum Entgleisen gebracht. Selbst anscheinend harmlose Tiere können dem Menschen gefährlich werden. Vielleicht galt der Anschlag eigentlich mir, vielleicht wollten die Schafe meine Expedition vereiteln? Sie haben sich allerdings in der Strecke geirrt. 80 km weiter südlich wäre ihr Plan aufgegangen und sie hätten mein Eisbärbesuchsprogramm vereitelt. Die Eisbärbeobachtung ist die Königsdisziplin der Tierforschung, und niemals zuvor konnte man in Deutschland so viele Eisbären beobachten. Niemals zuvor kannte man in Deutschland auch so viele Eisbären mit Vornamen. Das muss am Klimawandel liegen – ganz eindeutig.

Die Wiesen zwischen Aschaffenburg und Würzburg sind mit Raureif bedeckt, kühle Morgennebel wabern durch die Täler. Auf Teichen und Seen ist aber trotzdem kein Packeis zu entdecken, Eisbären haben es hier schwer. Endlos weit erstrecken sich die Äcker und Weiden vor Nürnberg. Wo soll ein Eisbär hier Walrösser und Seehunde jagen?

Um 8.28 Uhr erreicht der Zug Nürnberg. Von einem erfahrenen Arktisforscher habe ich einen Tipp bekommen – im Osten von Nürnberg könne man mit etwas Glück ein Eisbärenbaby beobachten. Sicherheitshalber hat die Stadt gleich einen ganzen Tierpark um das

Bärenbaby herum gebaut. Die Beobachtungsgebühr beträgt 6,– Euro und um genau 8.47 Uhr betrete ich das Beobachtungsgelände, das um diese Zeit noch so gut wie menschenleer ist. Höchstens einhundert Forscher verteilen sich auf dem Areal. Leider verbirgt sich der Eisbär ausgerechnet am hintersten Ende des Tierparks. Man muss fast den gesamten Zoo durchqueren und sieht dabei gezwungenermaßen vollkommen belanglose Giraffen, Wölfe, Papageien und Seelöwen. Immerhin ist der Eisbär hervorragend ausgeschildert, an jeder Ecke steht eine Tafel mit der Aufschrift „Flocke – kürzester Weg"; man muss nur noch den Pfeilen folgen. Doch auch der kürzeste Weg dauert acht Minuten. Es lohnt sich aber, die Anstrengung auf sich zu nehmen, denn der Nürnberger Tierpark ist wunderschön gelegen und hat einen großen alten Baumbestand.

Um 8.56 Uhr beziehe ich meinen Posten auf der Beobachtungstribüne vor der Flockeanlage. Nebenan dreht Vera ihre Runden, sie ist die Mutter von Flocke, hat sich aber geweigert, das Kind aufzuziehen. Tierpfleger mussten diese Arbeit übernehmen und die Natur hat sie dafür denkbar schlecht ausgerüstet. Schwerfällig trotten zwei durch die Anlage, sie sind mit einem unansehnlichen schmuddelig blauen Fell bedeckt, wie das gesamte Tierparkpersonal. Sie verteilen überall im Gelände Spielgeräte, hier einen großen Ball, dort einen Knochen am Seil, legen eine Planke über den Wassergraben und füllen einen Bottich mit Flüssigkeit. Man könnte ihnen stundenlang bei ihrem ausgelassenen Treiben zuschauen, wenn man sich für Tierpfleger interessieren würde, aber ich und die anderen 100 Forscher sind wegen Flocke gekommen und die lässt sich sehr viel Zeit. Um 9.15 Uhr betritt sie endlich die Anlage, mit einer Viertelstunde Verspätung, kein Wunder, dass die Mutter die unpünktliche Tochter verstoßen hat.

Flocke ist ein kleines schmutziges Eisbärenmädchen, das mich keines Blickes würdigt. Sie hält sich nah bei den blauen Pflegern, die versuchen, sie auf die Planke zu locken. „Seien Sie bitte nachsichtig, wenn nicht immer alles klappt wie geplant", bittet in einer Broschüre ein gewisser „Dag Encke". Das ist nicht der Name eines seltenen Tieres, sondern der des Zoodirektors von Nürnberg. Mir gelingen drei etwas verwackelte Schnappschüsse, dann ist es 9.19 Uhr, mir bleiben noch sechs Minuten, um am Zooausgang ein Taxi zum Bahnhof zu nehmen. Ich schlage ein hohes Tempo an, Gazellen und Springböcke blicken mir verwundert hinterher, Scharen von Besuchern kommen mir auf dem kürzesten Flockeweg entgegen, viele lächeln bereits in seliger Erwartung in sich hinein.

Kaufe im Vorbeilaufen eine Plüschnachbildung von Steiff, die viel sauberer als die echte Flocke aussieht. Wahrscheinlich eine Raubtierkopie aus Fernost. Die Taxifahrerin erklärt mir, dass Nürnberg eine schöne Stadt sei. Es gebe immer wieder an ganz überraschenden Stellen Grün, vor allem das Reichsparteitagsgelände sei sehr schön bewachsen. Ich verspreche ihr, wiederzukommen und mir das alles genau anzusehen. Um 9.39 erreichen wir den Nürnberger Bahnhof, ich reiße mein Gepäck aus dem Schließfach und springe um 9.41 Uhr im letzten Moment in den ICE nach Stuttgart.

Zunächst geht alles glatt. Doch dann verlangsamt der Zug plötzlich seine Fahrt und bleibt ausgerechnet in einem Ort namens Schnelldorf stehen. Nach etwa zwei Minuten kommt eine Durchsage: „Meine Damen und Herren, unser Zug ist außerplanmäßig zum Halten gekommen, leider liegen mir noch keine Informationen vor, sobald ich Informationen habe, werde ich Sie umgehend informieren." Wahrscheinlich wurden irgendwo Schafe gesichtet, die inzwischen als natürlicher Feind des ICEs gelten. Nach weiteren zwei Minuten fährt der Zug außerplanmäßig weiter Richtung Stuttgart. Dort wartet schon der nächste Eisbär. Ich hoffe, dass es mir gelingt, auch ihn zu beobachten. Wird er genau so gut ausgeschildert sein wie Flocke? Auf jeden Fall wird er wohl pünktlicher sein, denn seine Mutter hat ihn nicht verstoßen, sondern zieht ihn selber auf.

Der Zug erreicht Stuttgart pünktlich um 11.53 Uhr. Gegen 12.30 Uhr betrete ich das Beobachtungsgelände Wilhelma in Stuttgart Bad Cannstatt. Das Beobachtungsobjekt heißt Wilbär, und zahlreiche Schilder weisen vorsorglich darauf hin, dass es an Wochenenden und Ferientagen zu bis zu zwei Stunden Wartezeit kommen kann. Jedem Beobachter stehen außerdem nur fünf Minuten Wilbär-Zeit zu, dann hat man seinen Posten vor der Anlage aus eitel Waschbeton zu verlassen. Zumindest muss man diesmal nicht das halbe Gelände durchqueren, und an einem Montag ist der Andrang noch nicht so groß. Ich kann direkt neben dem Schild „Noch 15 Minuten bis Wilbär" Aufstellung nehmen. Die ersten enttäuschten Beobachter kehren von ihrem Posten zurück und erzählen, man sehe überhaupt nichts.

Wilbär wird nicht nur von seiner Mutter bewacht, sondern von mehreren furchterregenden Männchen, die unablässig um die Beobachtergruppe kreisen und einschüchternde Laute ausstoßen. Manche tragen gewaltige Schnurrbärte über ihren mächtigen Hauern. Aus ihren Mündern entweicht heißer Qualm, den sie aus kleinen glühenden Stäbchen einsaugen. Manche tragen Westen in grellen Neonfarben, anscheinend wollen sie ihre Feinde damit abschrecken. Sie verständigen sich mit schwäbischen Knurrlauten.

Ein rotgesichtiges Männchen mit ebenso roter Krawatte über einem weißen Hemd scheint das Alphatier zu sein. Bedrohlich knurrend blickt er zu einer Gruppe von jugendlichen Schülern hinüber, die es sich mit ihrem Lehrer unter einem Baum bequem gemacht haben. Als sich der kleine Eisbär für einen kurzen Moment im Ausgang zeigt, brechen sie in Jubelrufe aus und skandieren „Wilbär, Wilbär", worauf sich der kleine Bär sofort zurückzieht.

Das Krawattenmännchen bläst sich auf und droht der ihm zahlenmäßig überlegenen Gruppe unverhohlen mit Hausverbot. „Sie als Lehrer", brüllt er, „sind eine traurige Erscheinung. Sie sind schuld, wenn der Wilbär nicht mehr rauskommt!" Der Lehrer versucht zu beschwichtigen: „Das sind Jugendliche." „Das sind Idioten", stellt der Weißhemdige mit geschultem Tierpflegerblick fest und verweist die Gruppe von der Anlage.

Jetzt bin ich an der Reihe, ich bekomme einen Platz vor dem Gehege zugeteilt und ich habe Glück. Nach einer Minute streckt die Mutter kurz den Kopf aus dem Zwinger, alle Zuschauer blicken angstvoll zum Krawattenmännchen und machen „psssst", und weil jetzt die Disziplin stimmt, kommt sogar Wilbär mit heraus. Beide gehen kurz zum Wassergraben, drehen sich einmal im Kreis und verschwinden wieder. Da wir uns nicht wie Idioten aufführen, gewährt uns das Krawattenmännchen zusätzliche Beobachtungszeit. Wir starren zehn Minuten auf den dunklen Ausgang des Eisbärenkäfigs, und dann kommen Wilbär und seine Mutter Corinna ein zweites Mal heraus. Diesmal erkunden sie ausgiebig das Gelände, der kleine Eisbär klettert auf den Felsen herum und steckt die Schnauze ins Wasser. Fünf Minuten genießen wir reines Wilbärglück, dann müssen wir weiter, hinter uns warten noch circa 200 Menschen auf ihre Wilbär-Ration.

Wer den Bären nicht sehen durfte, wirkt enttäuscht, ja, beinahe erloschen. Doch wer ihn beobachten konnte, der scheint geläutert, so als habe er mit dem Dalai Lama gesprochen. Aber Wilbär ist natürlich viel süßer und außerdem spricht er nicht. Der Glanz des Bären scheint auf die ganze Stadt abzufärben. Im Tierpark sind Tausende bunter Blumen erblüht, unter einem blauen Himmel flanieren spärlich bekleidete Schwaben zu Hunderten stolz über die Schotterwege. Der indischstämmige Taxifahrer erzählt enthusiastisch, wieviele Firmen in seiner Stadt ansässig sind und begeistert sich über die Staus, die fast zu jeder Tageszeit auftreten können und an denen Autos aus dem gesamten Bundesgebiet teilnehmen. Wilbär hat er selber noch nicht gesehen, aber auch er spürt die positiven Schwingungen des kleinen Eisbären.

Gerne wäre ich in Stuttgart geblieben, aber ich muss weiter.

Noch habe ich erst zwei Eisbären gesehen, es sollen aber drei werden und deshalb trete ich die Reise nach Berlin im Flugzeug an. Um 16.22 Uhr landen wir in Tegel, um 17.37 Uhr betrete ich das Beobachtungsgelände in der Nähe der Gedächtniskirche.

Hier lebt Knut, der bekannteste Eisbär der Welt. Er hat den Klimawandel ausgelöst oder gestoppt oder beides. Ich kann mich im Moment nicht so genau erinnern. Zunächst mal verblüfft, dass Knut nicht ausgeschildert ist. Am Springbrunnen rechts, dann am Panda vorbei und immer links halten, dann könne ich ihn nicht übersehen, sagt mir ein Tierparkbediensteter. Doch er irrt sich, von Knut keine Spur. Die Felsenanlage liegt ausgestorben in der Abendsonne. Sollte mein Rekordversuch ausgerechnet hier scheitern? Anscheinend schließt diese Stadt nicht nur ihren berühmtesten Flughafen, sondern auch ihren berühmtesten Bären. Ich rufe einen Freund an, der eine Tierparkdauerkarte besitzt und lasse mir Knut beschreiben. Er sei ziemlich groß geworden, erfahre ich, und sehe schlechter aus als Eberhard Diepgen. Ich befürchte das Schlimmste. Vor dem benachbarten Gehege, in dem die erwachsenen Eisbären untergebracht sind, komme ich mit einer Frau ins Gespräch. Sie kennt Knuts Mutter und seine Tanten, stammt anscheinend selber aus einer Eisbärenfamilie. Knut, so erklärt sie, ziehe sich um diese Zeit immer zurück, aber er käme wieder. „Wann denn?“ frage ich.

„Um halb sieben“, antwortet die Frau, ohne zu zögern. Voller Hoffnung nehme ich wieder meinen Beobachtungsposten ein. Geduld ist die wichtigste Tugend bei der Tierbeobachtung und meine wird tatsächlich belohnt – um 18.30 Uhr erscheint Knut wie angekündigt und streckt sich zögerlich auf einem Felsen aus. Er wirkt irgendwie bedrückt. Vielleicht geht ihm die Sache mit den Karpfen im Kopf herum. Knut hatte fünf Karpfen aus dem Wassergraben gefressen, die dort als Reinigungskräfte arbeiteten. Dabei ist es im Zoo streng verboten, lebende Tiere zu essen. Ein erfahrener Tierparkbewohner wie Knut hätte das wissen müssen.

Doch es sind nicht die Karpfen. „Der fühlt sich einsam", sagt eine etwa fünfzigjährige Dame neben mir. Er vermisst seinen Pfleger, der nun schon seit drei Wochen nicht mehr zur Arbeit gekommen ist. Der Zoodirektor will alle Kontakte zwischen ihm und Knut unterbinden, er will auch kein buntes Plastikspielzeug im Eisbärengehege dulden, nur Naturmaterialien. Knut ist angeblich auch schon auf einer Waldorfschule angemeldet. Inzwischen haben sich drei Damen neben mir versammelt. Sie gehören zu einem Aktionsbündnis „Knut forever". Der Direktor will Knut nämlich an einen anderen Zoo verkaufen, aber er soll bleiben und er soll eine Gefährtin bekommen. Dafür kämpfen die Damen. Im Internet und im Zoo. Sie kämpfen für eine gute Sache. Berlin braucht Knut. Diese Stadt macht einen melancholischen Eindruck, weil sie ahnt, dass man ihr nach Harald Juhnke und Tempelhof auch Knut wegnehmen will. Es fehlt die Aufbruchstimmung, die in Nürnberg und Stuttgart zu spüren war, zwei Städte, die zu ihren Eisbären stehen. Eisbären sind zu Symbolen des Klimawandels geworden und damit ist auch das allgemeine Betriebsklima und der Geschäftsklimaindex gemeint. Deutschland braucht seine Eisbären, mehr als die Eisbären Deutschland brauchen. Ich glaube, dass zwei bis drei Eisbärbabys ausreichen würden, um die Stimmung in Ostdeutschland nachhaltig zu verbessern. Die müsste man dann auf die Namen René, Rico und Kevin taufen, und die Bevölkerung würde wieder Vertrauen in den Aufschwung und die Demokratie fassen.

Mutlos und schwerfällig richtet sich Knut gerade vor mir auf, und mir wird erst jetzt wirklich bewusst, welche Leistung ich vollbracht habe. Ich bin der erste Mensch, der die drei deutschen Eisbären an einem Tag mit eigenen Augen gesehen hat. Etwas mehr als acht Stunden, von 9.15 Uhr bis 18.30 Uhr hat mein Eisbärentriathlon gedauert.

Niemand hat mir das zugetraut. Nun wird man mich in einem Atemzug mit Livingstone, Amundsen oder Ferdinand Magellan nennen. Meine Expedition beweist, dass man das Unmögliche erreichen kann, wenn man selber an sich glaubt.

Und welcher Eisbär hat mich am meisten begeistert? Alle drei waren großartig, ich will und kann sie nicht gegeneinander ausspielen. Flocke hat im Moment den größten Unterhaltungswert, Wilbär überzeugt durch natürlichen Charme und Knut berührt durch seine tragische Größe. Man kann die drei nicht vergleichen. Es sind einfach Eisbären wie du und ich und es ist gut, dass wir sie haben.

Die besten Anmachsprüche im Tierreich

1. „huuh - huch - uuuu"
2. „guhk"
3. „chrüüh" (langgezogen)
4. „chäh querkhoit kiwitkiwitkiwit kiwiht"
5. „Keck - keck - keck - keck"
6. „gjä - gjä - glüh"
7. „kera... gra... graah."
8. „äpp ... äpp ... äpp ... äpp .... äpp .... äpp ..."
9. „Kem-wah-uns-nich-vonir-gendwo-her?"
10. „dü-delüü-lio"

Quelle: Naturpark Hochtaunus

Wir haben alles niedergebirdet – Flugschau in Kasachstan

BLAURACKE *{Coracias garrulus}*

Es ist zwei Uhr morgens zentralkasachischer Zeit, als Dr. Gerold Dobler die übermüdeten Expeditionsteilnehmer im Flughafen von Almaty in Empfang nimmt. Der wissenschaftliche Leiter unserer Gruppe hat es eilig: „Wir fahren gleich los, dann sind wir um fünf Uhr oben und können sofort losbirden."

Denn deswegen sind wir schließlich hier, ein Forscher-Team von insgesamt sieben Personen, das sich der Beobachtung der kasachischen Vogelwelt verschrieben hat. Wir wollen den Rosenmantelgimpel sehen, das Himalaja-Königshuhn, den Bartgeier, den Riesenrotschwanz, die Himalaja-Braunelle und den Wachtelkönig. Mindestens. Ausgerüstet sind wir mit dem „Habicht SLC 10 x 42", einem hervorragenden Fernglas der Firma Swarovsky, das eine zehnfache Vergrößerung ermöglicht. Bartgeier mit 26 m Flügelspannweite und ein Meter große Bartmeisen könnte man damit beobachten. Wem das zu viel Vergrößerung ist, schaut einfach von der anderen Seite durch das Glas. Um Wettbewerbsverzerrungen zu vermeiden, ist jeder von uns mit diesem optischen Präzisionsgerät ausgestattet.

Ein kleiner, zäher und unglaublich schwankender Bus, dessen Erstzulassung noch zu Lebzeiten Lenins stattfand, zerrt uns Meter für Meter höher ins Tian Shan Gebirge, einen Ausläufer des Himalaja. Die Landschaft hinter den Busfenstern ist um vier Uhr morgens so grau wie unsere übernächtigten Gesichter. Auf etwa 1600 m Höhe halten wir an, weil der Motor sich ausruhen muss. Nach zwanzig Minuten geht es weiter, wir erreichen den Almatinsker Stausee auf 2500 m Höhe und schrauben uns noch einen schmalen Weg empor, bis wir schließlich vor einem altersschwachen Metalldrahtzaun stehen bleiben. Dahinter befindet sich die „Kosmostation“, eine Außenstelle des Fessenkov Observatoriums in Almaty. Überall stehen Teleskope in verschiedenen Verfallsstadien herum, merkwürdige Metallkonstruktionen, deren Verwendungszweck unklar bleibt. Lagerhallen, rostige Fässer und Blockhäuser. Von oben betrachtet gleicht das Gelände einer Tempelanlage, im Hintergrund glänzt ein relativ neues Radioteleskop, das einzige Gerät, was noch einen funktionsfähigen Eindruck macht.

Von diesem Ort aus hat man in sozialistischen Zeiten die damals noch volkseigene Sonne beobachtet. Wissenschaftler aus der ganzen Welt wurden im Gästehaus verpflegt, jetzt übernachten hier Birder.

Dr. Dobler drängt zur Eile, er kennt das Terrain, vor einer Woche hat er schon eine Gruppe geleitet. Unsere Vorgänger, das „waren verrückte Hunde“. Sind um vier Uhr aufgestanden und haben jede Minute verflucht, die sie mit Mahlzeiten verschwenden mussten, „das waren Hardcore-Birder“, sagt Dr. Dobler strahlend und mustert uns misstrauisch. Hofft er, dass wir keine Hardcore-Birder sind, oder befürchtet er genau das?

Den Hardcore-Birder treibt nur eins: er will abhaken, so schnell und so viel wie möglich. Vogel sichten, identifizieren und in der Liste ankreuzen, das ist für ihn praktisch eine Bewegung. Jedem Expeditionsteilnehmer wurde vor Reiseantritt so eine Liste mit 261 „Target-Birds“ zugeschickt, aber keiner macht Anstalten, sie jetzt hervorzuziehen. Wir sind anscheinend Softcore-Birder, wir nehmen, was so kommt, und freuen uns darüber. Die meisten Expeditionsteilnehmer kennen sich gut bis sehr gut in der Vogelwelt aus, ich würde meine Kenntnisse mit schwach ausreichend bewerten. Doch das soll ja nicht so bleiben. Wir erhalten die Erlaubnis, kurz unsere Zimmer zu beziehen, und dann sollen wir die nähere Umgebung durchkämmen. Daraus wird nichts, plötzlich stehen wir mitten in einer Wolke, können kaum das Observatorium vor Augen sehen und deshalb genehmigt Dr. Dobler eine kurze Ruhepause. Das Gästehaus der Astronomen hat den Charme einer Jugendherberge aus den 60er-Jahren, der Fitnessraum besteht aus einer zerklüfteten Tischtennisplatte, acht Personen teilen sich ein Waschbecken und eine Dusche aus der glühend heißes Wasser spritzt, anscheinend direkt aus dem Erdinneren. Aber wir wollen hier oben ja auch nicht duschen, sondern endlich Vögel beobachten. Während sich die Wolken durch das Hochtal wälzen und dabei Regen zurücklassen, sitzen wir mit einer Ornithologen-Gruppe aus Osnabrück im Esssaal. Der Anführer, ein erfahrenes, altes Männchen mit einem ehrfurchteinflößenden grauen Vollbart, stellt die Machtverhältnisse klar: „Haben Sie schon das Rubinkehlchen gesehen?“ „Ja, vorgestern, aber ziemlich weit entfernt“ muss Dr. Dobler zugeben. „Ich hatte es gestern sechs Mal. Formatfüllend“, sagt der Bärtige.

„Und Königshühner?“ Dr. Dobler wagt einen Ausfall. Der Osnabrücker weicht einen Schritt zurück, deutet nach draußen, erzählt etwas von guter Tarnung und Bergflanke, jedenfalls begreift man sofort: er hat sie noch nicht gesehen. Dr. Dobler nickt befriedigt, es muss sich wohl noch erweisen, wer hier das Alphatier ist. Es regnet den ganzen Tag, die einzigen Vögel, die wir zu Gesicht bekommen, sind Hirtenmainas. „Die sind wie Spatzen, kommen überall in der Gegend vor.“ Dr. Dobler wird beinahe ungehalten, wenn man Hirtenmainas nur erwähnt. In der Tat gibt es sehr viele davon, aber sie sind erstaunlich farbenprächtig, immerhin dreimal so groß wie ein Spatz, und verfügen über ein erstaunliches Lautspektrum. Die geselligen Tiere halten sich gerne in der Nähe menschlicher Ansiedlungen auf, wir können in aller Ruhe direkt aus unserem Schlafsaalfenster beobachten, wie sie einer verweichlichten Schäferhundfamilie das

Futter aus dem Napf klauen. Zehnfach vergrößert sehen sie höchst eindrucksvoll aus.

Am nächsten Morgen scheint die Sonne und wir können mit dem Birden beginnen. Zum ersten Mal bemerke ich jetzt auch Andrej, unseren einheimischen Führer, in seinem Tarnanzug ist er wirklich schwer zu erkennen. Er läuft immer ein paar Schritte voraus, hält eine Hand hinter sein rechtes Ohr und lauscht. Dann deutet er auf einen Wacholderbusch, auf eine Kiefer oder einen Stein, und da sitzt dann der Rotstirngirlitz oder der Wacholder-Kernbeißer oder die Schwarzkehlbraunelle. Wir setzen die Gläser an die Augen und beobachten den Vogel. Und der Vogel legt den Kopf schief und beobachtet uns; ob er Andrej sieht, weiß man natürlich nicht. Wir ziehen weiter, zwingen uns, die Hirtenmainas nicht zu registrieren, obwohl sie einen ziemlichen Lärm machen. Lieber beobachten wir das Purpurhähnchen, das sich allerdings im dichten Gebüsch versteckt hält und nur von Zeit zu Zeit herauskommt, immer dann, wenn ich gerade nicht hinschaue. Der Karmingimpel ist dagegen weniger scheu und das Schwarzkehlchen auch nicht.

Am folgenden Tag starten wir um 6.30 Uhr. Unser Ziel ist ein Hochplateau in 3300 m Höhe, wo sich eine weitere „Spacestation“ befindet und der Bartgeier Patrouille fliegt. Die Luft wird immer dünner, was auch dem Motor zu schaffen macht. Wir müssen anhalten, der Fahrer gießt eine undefinierbare Flüssigkeit in eine Öffnung, Andrej dreht schwungvoll an einer Kurbel und schon schnurrt der Motor wieder wie ein rachitischer Kater. Sobald sie im Bus sitzen, werden die Expeditionsteilnehmer von Unruhe ergriffen. Jeder sucht angestrengt die Landschaft ab, einmal sagt Walter: „Steinadler auf zwölf Uhr.“ Dr. Dobler nickt nur kurz, bevor ich mein Glas vor den Augen habe, ist nichts mehr zu sehen. Wie bei jeder Busreise hat man schnell das Gefühl, auf der falschen Seite zu sitzen. Aus meinem Fenster sehe ich nur ein paar Dohlen, auf der anderen Seite werden ständig Falken, Murmeltiere und Schneegimpel gemeldet. „Und der schwarze Vogel da vorne am Hang?“ „Nur ein Stein“, beruhigt mich der Expeditionsleiter.

Das Gute an der Vogelbeobachtung im Hochgebirge ist, dass es keine Bäume gibt, das Gelände wirkt übersichtlich. Andrej turnt wie ein Steinbock in den Felsen herum, legt seine Hand ans Ohr und macht klickende oder pfeifende Lockgeräusche, denen zunächst nur ich Folge leiste, weil ich inzwischen gelernt habe, dass Vögel sich gerne in Andrejs Nähe aufhalten. Sie lieben wahrscheinlich seinen Tarnanzug oder halten ihn für einen flugunfähigen Vogel. Es dauert auch keine fünf Minuten, bis der Riesenrotschwanz auftaucht, bei dem es sich, wie der Name schon sagt, um einen größeren Verwandten des auch mir vertrauten Vorgartenbewohners handelt. Man trifft den Riesenrotschwanz nur auf dieser Höhe an, und er brütet in den sanitären Anlagen der astronomischen Station, die tatsächlich noch in Betrieb ist, obwohl man nicht erkennt, welches Gebäude überhaupt in einem beobachtungsfähigen Zustand ist. Es sieht eher aus wie nach einem Meteoriteneinschlag.

Inzwischen ist auch Doktor Dobler zu uns gestoßen, hat sein Spektiv (ein monokulares Fernglas, also eine Art Teleskop) aufgebaut, den Vogel sicher anvisiert, und nun sehe ich den Riesenrotschwanz formatfüllend. Neben uns schraubt Walter eine Digitalkamera vor sein Spektiv, nimmt Maß, stellt scharf und schärfer und drückt ab: „Mist, jetzt hat er sich bewegt.“ Eine unangenehme Eigenschaft, vieler, besonders kleinerer Vögel ist eine gewisse Hektik. Sie sitzen keine zwei Sekunden still, was sie aber müssten, damit man sie gut abschießen, also „digiskopieren“ kann.

Das Digiskopieren ist ein verhältnismäßig neuer Trend beim Birden und „eine Supersache“ sagt Dr. Dobler. „Damit kannst du mit einem ganz einfachen Apparat Spitzenaufnahmen machen.“ Formatfüllend, versteht sich. Die flimmernde Mittagshitze ist nicht so gut, deshalb sucht der Digiskopierer das Morgen- oder Abendlicht. Aber auf 3300 Metern Höhe kann man auch um 14.00 Uhr den einen oder anderen guten Schuss hinkriegen. Plötzlich wird es sehr ruhig, selbst die unermüdlichen Krähen lassen vom Krähen ab, unwillkürlich blickt man nach oben und da kommt er angeschwebt, der Bartgeier. Nur fünfzig Meter über uns hält er die Schwingen weit ausgebreitet und macht sich die Thermik zunutze. Kraftsparend, ohne einen einzigen Flügelschlag kreist er zehn Minuten über der Hochebene.

Auf dem Rückweg zu unserem astronomischen Basislager halten wir in Sichtweite der Schlafsäle an, um einen Blick auf einen schütter bewachsenen Berghang zu werfen, von dem Dr. Dobler irgendwie glaubt, „dass sich da was bewegt hat". Schweigend stehen wir zehn Minuten wie erstarrt und suchen jeden Zentimeter mit den Habichtgläsern ab, ohne etwas zu entdecken, bis der Expeditionsleiter zischt: „Ich hab sie – schaut mal hier durch." Wir drängen uns um sein Spektiv und jeder muss es ein wenig nach rechts oder links justieren, weil die Himalaja-Königshühner immer in Bewegung, aber derartig perfekt an den Untergrund angepasst sind, dass man sie kaum erkennen kann. Wir zählen mindestens zwanzig Exemplare und als wir das dem Osnabrücker bewusst beiläufig beim Abendessen mitteilen, verschluckt er sich beinahe.

Kein Wunder, bei Grzimek (Band 7, S. 462) kann man nachlesen: „Die Königshühner sind die Könige unter den Vögeln der Hochgebirge Asiens, denn sie sind groß und kraftvoll wie das Auerhuhn, schnell und ausdauernd zu Fuß wie das Steinhuhn und als rasante Gleitflieger haben sie nicht ihresgleichen." Dr. Dobler bestätigt das gerne: „Tolle Viecher!"

Am nächsten Morgen teilen wir uns auf. Eine Gruppe will nur mal so rumbirden, die andere folgt Andrej, der überzeugt ist, in den Wacholderbüschen den Feldrohrsänger gehört zu haben. Es gibt einige Vögel, wie den Kuckuck, den Uhu oder Zilpzalp, die dankenswerterweise ihren eigenen Namen rufen und damit auch für den Laien leicht zu bestimmen sind. Doch unser Target-Bird ruft leider nicht „Feld-rohr-sän-ger“ sondern „ti-zää“. Dr. Dobler identifiziert ihn trotzdem, und wir spurten mit Spektiven, Stativen und Ferngläsern hinter Andrej her. Der Grünlaubsänger ist ein hochnervöser Bursche, der immer nur kurz zwischen den Blättern hervorschaut und ansonsten in der Deckung bleibt. Er hat es auch gar nicht nötig, sich wichtig zu tun, weil die Balzzeit vorüber und er als Familienvater vorsichtiger geworden ist. Einen ganzen Vormittag folgen wir seinem Gesang und sehen ihn doch nur einmal für eine Sekunde. Dafür beobachten wir ausführlich ein Marderwiesel, wie es mit einer ziemlich großen Maus in einem Murmeltierbau verschwindet, ein Rubinkehlchen auf Nahrungssuche, ein Baumfalkenpaar bei der Paarung und auch einen Steinadler, der kurz um die Bergflanke kurvt. Der alte Mann mit den zwei Wodkaflaschen, der sich mühsam vom Observatorium zu seiner Behausung quält, gehört allerdings nicht zur kasachischen Vogelwelt, obwohl ein Expeditionsmitglied glaubt, in ihm eine Schnapsdrossel erkannt zu haben, die hier gar nicht mal so selten vorkommt.

Am Nachmittag steigen wir ab zum Almatinsker Stausee, denn dort leben Ibisschnäbel, seltene Vögel der Premiumklasse. Wir bewegen uns zielstrebig zu der Stelle am Ufer, wo Dr. Dobler sie ein paar Tage zuvor gesichtet hat, und tatsächlich sind sie da immer noch. Ein Männchen, ein Weibchen und zwei Junge. Alle Expeditionsteilnehmer stehen ergriffen und versuchen die quirlige Ibisschnabelfamilie nicht aus dem fernglasbewaffneten Auge zu verlieren. Der Ibisschnabel weiß anscheinend nicht, wie selten er ist, jedenfalls hat er sein Nest an einer der belebtesten Stellen des Tian Shan Gebirges gebaut. Menschen feiern am Ufer, Motocrossfahrer lassen ihre Maschinen aufheulen, der höllische Lärm einer privaten Techno-Party klingt aus der Ferne herüber.

Am nächsten Tag bewegen wir uns durch eine ganz andere Landschaft. Nach einem kurzen Flug von der alten Hauptstadt Almaty zur neuen Hauptstadt Astana verlassen wir die Metropole auf einer schnurgraden Landstraße in nordwestlicher Richtung. Kein Berg verstellt jetzt den Blick zum Horizont, flach und unendlich dehnt sich die Steppe vor uns, in den Feldern stehen Graureiher und Jungfernkraniche, doch Dr. Dobler deutet auf einen kleinen Vogel, den man mit einer Amsel verwechseln könnte, der aber in Wirklichkeit eine Mohrenlerche ist. Wir halten auf dem schmalen Seitenstreifen, bringen die Beobachtungsgeräte in Stellung und das scheint der Mohrenlerche sehr zu gefallen. Sie stolziert auf dem Asphalt umher, bleibt in der Mitte der Straße stehen und ergreift erst im allerletzten Moment die Flucht vor schwer beladenen Lastwagen, die Materialien aller Art in die Hauptstadt transportieren. Die Mohrenlerche erweist sich als erstaunlich lebenslustiger Vogel mit wahren Entertainerqualitäten, der wahrscheinlich auch auf dem Mittelstreifen ein Nest bauen würde, wenn er damit Weibchen beeindrucken könnte. Wir sehen ihm fasziniert bei seinen Manövern zu und lernen nebenbei: birden kann man wirklich überall, auf stark befahrenen Ausfallstraßen genauso wie an entlegenen Steppengewässern (süß und salzig), die wir am Abend erreichen. Unterwegs halten wir mindestens dreißigmal an, weil rechts ein Steppenadler auf der Überlandleitung sitzt, links eine Rohrweihe flattert, eine Steppenweihe, da wieder eine Mohrenlerche, und das da ganz hinten? „Silberreiher", sagt Dr. Dobler gelangweilt und schaut gar nicht richtig hin. Mit Silber- und Graureihern sollen wir uns besser nicht aufhalten, es gibt in der Steppe nämlich wirklich interessante Vögel zu beobachten. Beispielswiese die Zitronenstelze, die schon große Ähnlichkeit mit der Schafstelze hat und von Anfängern auch mit der Gebirgsstelze verwechselt werden könnte, die aber glücklicherweise hier nicht vorkommt. „Und jetzt schaut euch das mal an", frohlockt Dr. Dobler und räumt den Platz hinter seinem Spektiv. Wir schauen und sehen formatfüllend rote Füße, mit denen sich der Rotfußfalke am Telegrafenpfosten festhält. Da bleibt er auch so lange, bis er umfassend digiskopiert worden ist. Der Expeditionsleiter ist am Abend vollauf zufrieden: „Heute haben wir alles niedergebirdet."

Diese und auch die folgenden drei Nächte verbringen wir in einfachen Holzhütten, mit Blick auf den Sultankeldy-See, die wir nur mit einigen Dutzend Mücken teilen müssen. Wir sind allerdings auch nicht zum Schlafen hierher gekommen, sondern um den Steppenkibitz zu sehen, einen seltenen Vogel, der früher recht häufig in der Steppe angetroffen werden konnte. Früher, als die Saiga-Antilope noch millionenfach die Grasflächen abweidete. Doch seit diese Tiere wegen ihres Gehörns, das in China als Fieber- und Kopfschmerzmittel begehrt ist, massiv bejagt wurden, ist auch der Steppenkibitz in Gefahr. Hier im Naturreservat Korgalzhin trifft man noch ein paar. Inmitten einer Pferdeherde stolzieren zwei Steppenkibitze herum und suchen nach Essbarem. Hinter ihnen haben sich drei gewöhnliche Kibitze postiert, so lässt sich deutlich erkennen, dass man sie nicht verwechseln kann. Der Steppenkibitz ist ziemlich unscheinbar, das enttäuscht zunächst. Man denkt als Laie, seltene Vögel müssten besonders spektakulär aussehen. Das wäre dann ja auch eine Erklärung, warum sie so selten sind. Am Abend kommt es im Lager noch zu einem kurzen Revierkampf. Ein englischer Ornithologe fühlt sich von Dr. Dobler herausgefordert und versucht ihn mit einer Powerpointpräsentation auf seinem Laptop zu beeindrucken. Dabei erzählt er in schlecht gespielter Bescheidenheit von "poor pictures", die er nur so im Vorrübergehen gemacht habe. Unser Expeditionsleiter zeigt keine Gegenwehr, er weiß: am nächsten Morgen wird das feindliche Männchen sowieso das Revier verlassen.

Die Steppe ist eine verzauberte Landschaft, in der sogar Wünsche jederzeit in Erfüllung gehen können. Wir ziehen am Morgen los, um Flamingos und Pelikane im Tengiz-See zu beobachten und keine fünf Minuten später sehen wir tatsächlich Rosaflamingos und Krauskopfpelikane. Pelikane sind faszinierende Vögel. „Wegen des Luftpolsters unter ihrer Haut sind sie ganz und gar unfähig, ihren Leib unter das Wasser zu zwingen, sie liegen vielmehr wie Kork auf der Wasseroberfläche“, steht bei Alfred Brehm und ich kann das aus meinen Beobachtungen in Kasachstan nur bestätigen. Wenn sie direkt über einem fliegen, wirken sie größer als Bartgeier. Kommen sie schwimmend auf den Beobachter zu und legen den Kopf leicht schief, machen sie einen geradezu listigen Eindruck. Doch anscheinend sehen sie nicht immer so aus, in Brehms Tierleben liest man: „Die Jungen, die nach 38-tägiger Brutzeit dem Ei entschlüpfen sind höchst widerwärtige Geschöpfe von einfältigem Aussehen.“ Man liest aber auch: „Das tägliche Leben der Pelikane ist geregelt.“

Genauso wie unsere Expeditionstage. Wir stehen um 6.00 Uhr auf, frühstücken zügig, fahren bis 14.00 Uhr ins Gelände, essen hastig zu Mittag, fahren ins Gelände und kehren irgendwann zwischen 21.00 und 22.00 Uhr zurück. Mittags stärken wir uns mit Nudeln, Fleisch und Gemüse, die Reste landen dann in der abendlichen Suppe, die wir mit einem Bier namens „Derbes“ herunterspülen. Birder sind von Haus aus Allesfresser, verschmähen jedoch reine Körnernahrung.

Wir sind aber auch nicht zum Essen nach Kasachstan gekommen, sondern zur Vogelbeobachtung. Einmal verfolgen wir eine Stunde lang einen Steppenadler, der auf seinem Telegrafenpfahl wartet, bis alle den Wagen verlassen und ihre Geräte in Anschlag gebracht haben, bevor er gemütlich drei Pfähle weiterfliegt. Nach einer Stunde lässt er sich endlich digiskopieren. Dann sitzen wir im Gras, blicken angestrengt auf ein Heckenrosengestrüpp und spielen dem Tamariskensänger den Gesang eines Artgenossen vor. Nach zehn Minuten kommt er, weil er noch nie einen iPod mit einem so leistungsfähigen Zusatzlautsprecher gesehen hat. Doch nicht alle kasachischen

Vögel lassen sich mit westlicher Technik ködern. Der Rohrschwirl antwortet zwar unverdrossen, zeigt sich aber nicht. Manche Birder werten den Vogel damit als identifiziert, andere bestehen auf Sichtkontakt. Wir warten einfach bis zum nächsten Tag, dann sehen wir den Rohrschwirl ohne akustische Leimruten mit bloßem Auge vor uns herumturnen.

Hinter ihm in einer kleinen Bucht schwimmen zahlreiche Enten, Taucher, Schwäne und Gänse. Dutzende quirliger Odinshühner durchpflügen im Schwarm die Wasseroberfläche. Es entbrennt eine kurze Diskussion, ob sie jemals an Land gehen, jedenfalls kann sich selbst Walter nicht erinnern, ein Odinshühnchen außerhalb des Wassers gesehen zu haben. „Dann schaut mal da durch", sagt Dr. Dobler trocken. Unnötig zu erwähnen, dass in seinem Spektiv natürlich drei Hühnchen auf dem Uferstreifen unterwegs sind.

Stundenlang stehen wir täglich im wogenden Pfeifengras, scannen die Landschaft ab, atmen den Duft der Steppe, hören den schwirrenden Flügelschlag der Höckerschwäne und warten schweigend, wer sich wohl als Nächster sehen lässt, der Buschspötter, der Ohrentaucher, die Weißflügelseeschwalbe oder der Flussuferläufer. Die Steppe ist keineswegs eintönig flach, sondern wartet immer wieder mit Überraschungen auf, plötzlich ist da ein kleiner Canyon, den ein Fluss gegraben hat, und an seinen Steilufern lebt der bunt gefiederte Bienenfresser, dann schwimmt im Schein der Abendsonne ein einzelner Pelikan in einer abgeschiedenen Bucht, Wiesenweihen gaukeln knapp über dem Erdboden, ein Teichwasserläufer patrouilliert im Gras, Weißkopfruderenten lassen ihre blauen Schnäbel in der Sonne glänzen, und in dem kleinen Dorf, dass wir durchqueren, ist angeblich gerade das Dieselbenzin ausgestorben.

Auf der Fahrt zum Flughafen von Astana herrscht geradezu ausgelassene Stimmung. Dr. Dobler fühlt sich nach den erfolgreichen Beobachtungen der hinter uns liegenden Tage stark genug, die

“Target Birds” auf Zuruf zu liefern. „Wiedehopf, wir haben überhaupt keinen Wiedehopf gesehen“, beschweren sich zwei Expeditionsteilnehmer. Eine halbe Stunde später, als der Vorfall schon vergessen scheint, ruft unser wissenschaftlicher Leiter: „Wiedehopf auf drei Uhr.“ Der Bus hält mit kreischenden Bremsen, Dr. Dobler spurtet quer über die Straße: „Da unter dem Dach hat er sein Nest, der kommt gleich zurück.“ Genauso geschieht es und wir sehen formatfüllend, wie der Wiedehopf kurz nach der Landung lehrbuchgerecht die Kopffedern aufstellt. Ein unglaubliches Land, dieses Kasachstan. Man hat das Gefühl, dass sich eigentlich überall ein interessanter Vogel verborgen halten könnte. Wenn man lange genug wartet und das Habichtfernglas scharf genug einstellt, wird er sich zeigen. Selbst in der Wartehalle des Flughafens scheint Vogelbeobachtung möglich. Doch die beiden Blauracken erweisen sich bei genauerem Hinsehen dann doch als zwei Angestellte einer privaten kasachischen Fluglinie, wie ich nach einem kurzen Blick durch Dr. Doblers Spektiv feststellen muss.

Geschichten aus der Walhaimat

WALHAI *{Rhincodon typus}*

Der Walhai gilt allgemein als vollkommen harmlos für den Menschen, was nicht ganz stimmt. Denn er kann gerade bei charakterlich wenig gefestigten Persönlichkeiten, den Wunsch nach einer größeren Geldausgabe hervorrufen. Als Beispiel wäre die Buchung eines Fluges zum Äquator zu nennen, kombiniert mit einer Taucherausbildung. Ich habe es am eigenen Leib erfahren müssen und ich will meine Geschichte zur allgemeinen Warnung erzählen.

Mit über fünfzehn Metern Länge ist der Walhai der größte Vertreter der Familie der Fische. Das hat er mit mir gemeinsam, auch ich bin der größte Vertreter meiner Familie, wobei da allerdings 178 cm schon ausreichen. Gesicherte wissenschaftliche Erkenntnisse gibt es nur sehr wenige über den Walhai, und auch das trifft auf mich zu, im Gegensatz zu mir trifft man ihn hauptsächlich in tropischen und subtropischen Gewässern an. Vor Kurzem allerdings teilten wir uns ausnahmsweise diesen Lebensraum, jedenfalls ein paar Minuten lang. 1828 wurde der Walhai erstmals wissenschaftlich erwähnt, bis 1978 wurde er an die 350-mal gesichtet, der legendäre Jacques Cousteau sah ihn angeblich nur zweimal in seinem Leben. Hussein Rasheed, genannt Sendi, hatte in den letzten zehn Jahren weit über zweihundert Begegnungen mit Walhaien, deshalb nennt man ihn den "Professor of whale sharks". Sendi arbeitet als Leiter der Tauchschule auf Holiday Island, einer Hotelinsel, die zum Süd-Ari-Atoll der Malediven gehört.

Die Republik der Malediven besteht aus 1199 Inseln, die etwa zwei Meter aus dem Meer ragen. Es würde genügen, auf einen Hocker zu klettern, um alles zu überblicken. Von diesem Hocker aus wird man allerdings kaum einen Walhai sehen, denn der Walhai ist ein Kiemenatmer und bewohnt nach dem bisherigen Stand der Forschung, die, wie erwähnt, noch nicht sehr umfangreich ist, so gut wie nie eine Hotelanlage. Er verzichtet damit freiwillig auf einen außerordentlichen Komfort. Auf Holiday Island wohnen die Gäste beispielsweise in geräumigen Bungalows mit Atollblick im Schatten von Kokospalmen. Holiday Island hat man in etwa zwanzig Minuten umrundet, wer größere Strecken zurücklegen will, muss das Boot nehmen oder tauchen. Die Insel gilt als idealer Urlaubsort für Honeymooner, Pärchen in allen Altersklassen bevölkern die Tische im Speisesaal. Der Fotograf und ich sind strenggenommen auch ein Pärchen, uns haben aber keine sexuellen, sondern rein ichtyologische Interessen hier zusammengeführt. Deshalb versuchen wir uns schon beim Abendessen an die Ernährungsgewohnheiten des Walhais anzupassen. Zwar servieren die hervorragenden und einfallsreichen Köche von Holiday Island keinen Planktonauflauf, den ein Walhai eigentlich am meisten schätzen würde. Doch er verschmäht auch nicht die Makrele, und die wird hier Abend für Abend mal auf provençalische, mal auf maledivische und mal auf italienische Art angeboten. Wir schlucken dazu übrigens auch keine 100 Liter Wasser, die wir dann wieder durch unsere Kiemen herauspressen, damit nur die Makrele an unseren Zähnen hängen bleibt, nein, wir benutzen Messer und Gabel.

Nach einer unruhigen Nacht bringt uns ein motorgetriebenes Dhoni, das typische maledivische Holzboot, hinaus aufs ebenfalls unruhige Meer. Und es dauert keine zehn Minuten, da ertönt der Ruf: "Whaleshark, whaleshark, whaleshark!!!" Beim Anblick der unverkennbaren Rückenflosse greifen alle sofort nach ihren Tauchermasken, schnallen sich Sauerstoffflaschen um und springen wie ferngesteuert ins Meer. Ich hechte mit Taucherbrille und Schnorchel hinterher. Als ich mich halbwegs orientiert habe, ist der Walhai weg und die Taucher auch. Ich kehre ins Boot zurück, das das Tauchrevier vorsichtig umkreist, und von dort sichte ich tatsächlich noch fünfmal einen Walhai. Allerdings darf ich jetzt nicht mehr reinspringen, weil die Sicherheit der Taucher vorgeht. Sollte etwas passieren, muss der Taucher zuerst geborgen werden, der Schnorchler, obwohl schlechter ausgerüstet, ist nur ein Rettungsobjekt zweiter Klasse. Ich beobachte, wie aus großer Tiefe Luftblasen an die Wasseroberfläche treiben und dort zerplatzen, direkt unter mir sind Taucher unterwegs. Als nach einer Dreiviertelstunde der Fotograf wieder an Bord kommt und keinen Walhai gesehen hat, bin ich fast wieder versöhnt. Ich habe ja immerhin sechsmal einen Walhai von oben gesehen. In einer Stunde mehr als in den ganzen 50 Jahren vorher. Das fängt ja gut an.

Am Nachmittag fahren wir erneut aufs Meer, wieder tauchen die anderen unter, und ich kann ihnen wieder nur dabei zusehen. Wenn sie aus dem Wasser steigen, wirken sie irgendwie entrückt, blicken traumverloren in die Ferne und zünden sich eine Zigarette an. Tatsächlich ist der Anblick eines rauchenden Tauchers keine Seltenheit, nach Aussagen erfahrener Tauchlehrer wird in Taucherkreisen viel und gerne geraucht. Ich bin weder ein rauchender Taucher noch ein tauchender Raucher, aber ich begreife, dass ich lernen muss, unter Wasser zu atmen, sonst komme ich an den Walhai nicht ran.

Was als eine Art Urlaub mit gelegentlichem Herumschnorcheln begonnen hat, wird nun also zu einer Art Unterwasserausbildungscamp. Während die lizenzierten Taucher gemütlich um 9.30 Uhr Richtung Walhai ablegen, sitze ich schon um 9.15 Uhr im Schulungsraum auf dem Trocknen und schaue mir Ausbildungsvideos an. Eine beschwörende Stimme verspricht mir: „Niemals werden Sie Ihren ersten Atemzug unter Wasser vergessen“, und dann zählt die gleiche Stimme drei Stunden lang Verhaltensmaßregeln, Bestimmungen und

Gesetze auf, die das Leben unter Wasser anscheinend erst ermöglichen. Die wichtigste Regel lautet: Halte unter Wasser niemals die Luft an. Was gar nicht so leicht ist, wie es klingt.

Die Evolution hat etwa 600 Millionen Jahre gebraucht, um von Kiemen- auf Lungenatmung umzustellen. Es war ein langer Weg, vom Quastenflosser über den Dinosaurier, den Säbelzahntiger bis zum Menschen, einem Lungenatmer der Spitzenklasse. Doch je länger er auf der Erde lebte, umso stärker wurde anscheinend sein Wunsch, wieder ins Wasser zurückzukehren. In den letzten fünfzig Jahren entwickelte sich das Tauchen von einem waghalsigen Abenteuer für tollkühne Pioniere, wie Hans Hass, zu einem Sport, den weltweit Millionen Menschen ausüben. Man muss wohl damit rechnen, demnächst unter Wasser Tauchern mit Gehstöcken zu begegnen, die dort Nordic Diving betreiben.

Selbst davon bin ich noch sehr weit entfernt. Ich stehe auf wackligen Flossen im glasklaren Wasser der Lagune, die Holiday Island umgibt.

Vom Strand aus beobachten mich glückliche, unbeschwerte Menschen, mich beschwert dagegen ein 7 kg-Bleigurt und ich durchlaufe anscheinend auch eine Ausbildung zum Gebärdendolmetscher, so könnte das zumindest aus der Entfernung betrachtet aussehen. Aber irgendwie muss man sich ja unter Wasser verständigen. Die Zeichen sind teilweise sehr erstaunlich, was unter Wasser „in Ordnung" bedeutet, stellt außerhalb des Wassers eine grobe Beleidigung dar, öffnet man dagegen pantomimisch eine Dose, dann will man seinen Tauchpartner auf Thunfische hinweisen.

Das Wasser hat angenehme 30 Grad, und das selbst noch in größerer Tiefe. Wir sind hier nur noch wenige Hundert Kilometer vom Äquator entfernt, es kühlt sich abends nicht nennenswert ab, aber dafür ist es auch ab 19.00 Uhr dunkel, und das zwölf Stunden lang, das nennt man Tag- und Nachtgleiche.

Nach dem Unterricht schnorchle ich noch ein wenig durch das höchstens einen Meter tiefe Wasser vor meinem Bungalow und stelle verblüfft fest, dass man direkt vor der Haustür schon interessante Beobachtungen machen kann. Kaiser- und Drückerfische sowie die verschiedensten Schmetterlingsfischarten kann man aus nächster Nähe beobachten. Merkwürdig geformte Schnecken, denen ein kleiner Aussichtsturm aus dem Körper zu wachsen scheint, kreuzen kriechend den Weg des Schnorchlers, und auch der eine oder andere Kofferfisch ist im flachen Wasser zu sehen.

Der Walhai aber wartet in tieferen Gewässern auf mich. Damit wir uns dort treffen können, absolviere ich unter Anleitung von Dana, meiner Tauchlehrerin, meinen ersten Open-water-Tauchgang.

So unbeholfen sich der Journalist an Land verhält, so geschickt und geschmeidig bewegt er sich im Wasser. Diesen Satz hatte ich tatsächlich schon am Morgen vor meinem Tauchgang aufgeschrieben, doch leider stellt sich jetzt heraus, dass ich unter Wasser nur sehr wenig Kontrolle über meine Bewegungen habe. Etwas richtungslos torkele ich dahin und habe ungeahnte Schwierigkeiten bei der Fortbewegung mit Flossen. Dana muss mich einmal sogar über einen Kofferfisch hinwegheben, mit dem ich sonst zusammengestoßen wäre. Plötzlich macht sie eine flatternde Armbewegung, was sich nicht auf meinen Schwimmstil bezieht, sondern auf die Adlerrochen, die ein paar Meter unter uns vorbeischweben. Kurz darauf öffne ich eine Dose und deute nach links, wo Thunfische ihre Runden drehen. Immer wieder schramme ich sehr knapp über einige Felsen und Korallen hinweg. Gut, dass keine Muränen in der Nähe sind, mein Anblick hätte die leicht reizbaren Tiere sicher zu Attacken provoziert. Jedenfalls habe ich eine ungefähre Vorstellung davon, wie man sich in der Schwerelosigkeit fühlen muss. Und mein erster Atemzug unter Wasser? Nun, für mich war er nicht ganz so unvergesslich, weil ich gleich den zweiten und dann den dritten machen musste. Immerhin halte ich die Luft aber nicht an, sondern atme regelmäßig und tief direkt aus der Flasche. Und weil mein unkonventioneller Schwimmstil viel Kraft kostet, habe ich meinen Sauerstoffvorrat als Erster aufgebraucht und alle müssen zähne- oder kiemenknirschend mit mir zusammen auftauchen. Ich hatte den Eindruck, ich war höchstens zehn Minuten unterwegs, aber der Tauchcomputer zeigt 39 Minuten an und eine maximale Tiefe von 13 Metern. Diese Tiefe entspricht der Höhe eines Zehnmeterturms, auf dem ein Dreimeterbrett steht. Oder einem dreizehn Meter langen Walhai, den wir aber immer noch nicht gesehen haben. Das größte Problem unter Wasser ist übrigens der Durst, durch die ständige Mundatmung bekommt man einen sehr trockenen Hals. Gegen Ende des Tauchgangs war ich kurz davor, mal einen Schluck Riffwasser zu nehmen.

Nachdem ich die umfangreichen theoretischen und praktischen Prüfungen zu meiner eigenen Verblüffung bestanden habe, übereicht mir Dana mein Scuba Diver Diplom, dass mich zum Tauchen in zwölf Metern Tiefe in Begleitung eines Tauchlehrers berechtigt. Es berechtigt aber nicht zur Begegnung mit einem Walhai.

Seit unserer ersten Ausfahrt haben weder der Fotograf noch ich den imposanten Fisch wiedergesehen. Deshalb greift am vorletzten Tag unseres Aufenthalts Sendi, der Walhaiprofessor ein. Unter seiner Führung durchkämmen wir mit einem kleinen Motorboot systematisch die Gewässer rund um das Atoll und werden tatsächlich fündig. Ein gewaltiges Tier, dass lässt sich schon vom Deck des Bootes aus sagen. Ganz ruhig liegt es im Wasser und scheint hier die ganze Zeit auf uns gewartet zu haben.

Der Walhai ähnelt eigentlich weder einem Hai noch einem Wal, er wirkt eher wie ein riesiges Raumschiff, dass durch ein fremdes Universum aus Salzwasser gleitet. Seinen Körper bedeckt ein auffälliges Punktemuster, das fast einer Sternenkarte gleicht. Vielleicht sind die Punkte Fenster, aus denen Außerirdische einen Blick in unsere

Meere werfen. Vielleicht gibt es dort irgendwo eine Tür, durch die man ins Innere des Walhais gelangt? Das sind Spekulationen, sicher ist: der Walhai kann Wasser regelrecht ansaugen und seine Nahrung herausfiltern. Dadurch gelangen manchmal Schuhe, Plastiktüten und anderer Zivilisationsmüll in seinen Magen. Um unerwünschte Fremdkörper loszuwerden, hat er deshalb die Fähigkeit entwickelt, seinen Magen vollständig nach außen zu stülpen.

Alles scheint möglich, das Wesen wirkt fremdartig, aber es ist in friedlicher Absicht zu uns gekommen. Es lässt sich durch uns nicht stören, ungewöhnlich lange liegt es knapp unter der Wasseroberfläche, bewegt ganz sacht seine riesige Schwanzflosse. Solange er nicht weiterschwimmt, scheint die Zeit stillzustehen. Alle sind ruhig geworden, umkreisen den Walhai geradezu ehrfürchtig und bewundern ihn wie ein großartiges Kunstwerk.

Ich will nicht behaupten, dass es unter Wasser keinen großartigeren und erhabeneren Anblick gibt als einen Walhai, dafür habe ich mich dort bis jetzt noch zu wenig umgesehen, ich könnte es mir aber gut vorstellen, und es gibt viele Menschen, die nur für ein Treffen mit einem Walhai auf die Malediven fahren. Für dieses Erlebnis hätte ich übrigens noch nicht einmal tauchen lernen müssen, die Schnorchelausrüstung hätte gereicht. Doch ich nehme an, der Walhai wollte erstmal prüfen, wieviel mir eine Begegnung mit ihm wert ist.

Renovieren mit Tieren

GIRAFFE, ERDMÄNNCHEN & CO

{Giraffa camelopardalis, Suricata suricatta et al.}

Eine zwar bequeme, aber auch nicht ganz ungefährliche Möglichkeit der Tierbeobachtung ist das Fernsehen. Tatsächlich sterben mehr Menschen beim Fernsehen als durch Löwen oder Flusspferdangriffe. Schuld daran sind fettige und salzhaltige Ernährung sowie zu wenig Bewegung. Doch die Menschen lieben das Risiko und beobachten mit wachsender Begeisterung die Tiere auf ihrem Bildschirm. Ob „Elefant, Tiger und Co" oder „Pinguin, Löwe und Co" oder auch „Berliner Schnauzen", man blickt der Todesgefahr mutig ins Auge. Und man bekommt ja auch einiges zu sehen. Fortpflanzungsakte, die bereits die Grenze zur Pornografie überschreiten, können ohne Warnhinweis um 16.00 Uhr gezeigt werden. Tatsächlich steht Sex mit Tieren unter Strafe, im Zoo dürfen es die Tiere aber miteinander treiben und dabei sogar gefilmt werden. Mit Wohlwollen beobachtet man auch die Arbeit des Tierarztes, der übergewichtige Tiere mit dem Betäubungsblasrohr flachlegt und dann aufschneidet.

Wichtig ist, dass man Menschen und Tiere auseinanderhalten kann. Im Basler Zoo entpuppte sich vor Kurzem ein Erdferkel als Tierpfleger, der im Gehege vor Jahren versehentlich eingeschlossen worden war, sich aber mit den Bewohnern so hervorragend verstand, dass er gleich dort blieb. Schon ein halbes Jahr später konnte der Zoo sogar erstmals eine erfolgreiche Erdferkelnachzucht vermelden.

Im Fernsehen erkennt man die Menschen daran, dass sie sprechen können und Gummistiefel tragen. Interessant ist es auch zu erfahren, dass Zooinsassen sich tierisch langweilen können, wenn man ihnen keine angemessene Unterhaltung bietet. Zwei Löwen, denen man eine Folge von „Der Bulle von Tölz" gezeigt hatte, litten anschließend an Appetitlosigkeit und ließen sich zum Gürteltier umschulen. Im Münchener Tierpark verfielen drei Pinguine in tiefe Depression, nachdem sie eine Sendung mit Peter Hahne gesehen hatten, und mussten bald darauf eingeschläfert werden.

Derzeit wird aus neun verschiedenen Tierparks gleichzeitig berichtet und das führt natürlich zu Spannungen. Enthüllt wurde vor Kurzem, dass die beliebte Zebragruppe des Frankfurter Zoos zur Hälfte aus Soziologiestudenten besteht, die sich auf diese Weise etwas dazuverdienen, wobei das Vorderteil besser als das Hinterteil bezahlt wird. Man überlegt sogar, auf diese Weise einen neuen Elefantenbestand aufzubauen, da Studenten weniger Futterkosten verursachen und außerdem automatisch krankenversichert sind, falls es mal Probleme mit den Stoßzähnen geben würde. Der Leipziger Zoo, vertreten in „Elefant, Tiger & Co", hat bereits gegen die weitere Ausstrahlung von „Giraffe, Erdmännchen & Co" protestiert und eine Umbenennung in „Erdmännchen, Studenten & Co" gefordert. Allerdings kam inzwischen auch heraus, das die Tiger im Leipziger Zoo in Wirklichkeit Braunbären sind, denen man ein neues Fell übergezogen hat. Auch von den Giraffen sollen höchstens zwei echt sein, der Rest sind Okapis mit einem Kopfaufsatz. Böse Gerüchte machen die Runde. Der Münchener Zoo beschäftigt angeblich einen Bauchredner, der sich in den Konkurrenzbetrieben von Köln oder Frankfurt neben der Papageienvoliere postiert und die Besucher mit verstellter Stimme beleidigt. Unauffällig steckt ihnen dann ein als Murmeltier verkleidetes Kind einen Werbezettel zu, der zum Besuch des Münchener Tierparks Hellabrunn auffordert, unter dem Motto:

„Komm zu den Tieren mit Manieren". Besonders beliebte Tiere sind inzwischen vertraglich fest an ihren Zoo gebunden. Der Berliner Bambusbär Bao Bao, bekannt aus „Panda, Gorilla & Co", wäre nämlich fast zum Kölner Zoo („Tierisch Kölsch") gewechselt, weil man ihm dort Weihnachtsgeld und eine Fortpflanzungsprämie in Aussicht gestellt hatte.

Es sind eigentlich drei Dinge, bei denen Fernsehzuschauer wildfremden Menschen am liebsten zusehen: beim Kochen, beim Renovieren und beim Tierpflegen. Eigentlich ist es kaum zu verstehen, warum diese Quotenbringer nicht längst in neuen Aufgabenfeldern eingesetzt werden. Da drängt sich die Produktion „Kochende Tiere" auf. Für den Zuschauer nichts Ungewöhnliches. Der hektisch herumwuselnde Johann Lafer hatte ja immer schon etwas Kaninchenhaftes, während Alfred Biolek in einschlägigen Kreisen als „die kochende Eule" bekannt war. Und warum soll hier nicht einfach mal der Bratspieß umgedreht werden? Bisher kochten Menschen die Tiere kurz und klein, jetzt werden die Rollen gewechselt. Das muss natürlich nicht heißen, dass ein kochendes Wildschwein ein „Jägerschnitzel" aus Originalzutaten vom Forstamt zubereitet, jedenfalls nicht vor 24.00 Uhr, aber ein leckerer Eichelsalat mit Bucheckerndressing sollte drin sein. Wir freuen uns auf „Tiere am Herd" oder „Tierisch genießen". Oder „Zutaten gesucht", die Kochsendung mit Alex, dem Eichhörnchen, das leider vergessen hat, wo das Salz vergraben ist. Auch gut: die „Tierisch schnelle Küche" mit Karl Krake, der gleichzeitig Pfannkuchen wenden, Soße binden, Gemüse andünsten, Salat waschen und Petersilie schneiden kann. Die Programmgestalter sollten nur darauf achten, keine Wiederkäuer zum anschließenden gemeinsamen Essen einzuladen. Da wird jede Sendezeit überzogen.

Und beim Kochen muss es nun wirklich nicht bleiben. Wir warten auch noch auf „Renovieren mit Tieren". Der Titel sagt schon alles, und es ist bestimmt faszinierend, wenn man ein paar kräftigen Bibern dabei zusehen darf, wie sie erst die alte Schrankwand annagen und zu Fall bringen und später mit dem Holz das Wasser vom Rohrbruch im Badezimmer stauen, den sie selber verursacht haben. Welcher Wohnungsbesitzer wäre nicht begeistert, wenn Termiten seine vier Wände aushöhlen und umgestalten. Und wenn's mal ein Durchbruch sein soll: „Der Elefant schafft jede Wand."

Das ZDF zeigt demnächst die Zoo-Doku „Nürnberger Schnauzen". In 34 Folgen erleben wir den Alltag im Franken-Zoo. Wir lernen dabei Bruno, Turbo, Lulu, Pepe, Husar, Mara, Moby, Anke, Felix, Vilma, Mike und Simon kennen, die in der Serie in verschiedenen Tierrollen auftreten, dazu kommen noch Horst, Dagmar, Armin und Anna, die als Tierpfleger brillieren. So weit so hochinteressant, aber das Chaos ist natürlich vorprogrammiert, denn als erfahrener Zoo-Doku-Zuschauer weiß man, dass Horst in Jaderpark als Zebrahengst arbeitet, und Mike war doch mal Praktikant im Leipziger Zoo, wieso ist der denn jetzt Seelöwe in Nürnberg? Felix hat im Berliner Tiergarten Popcorn verkauft und war in Krefeld Stinktier, ist aber jetzt in Nürnberg merkwürdigerweise ein Eisbär. Das sind nur ein paar der Ungereimtheiten, die immer mehr Zuschauern auffallen werden. Warum wirken die Löwen Sultan, Mirko und Gandalf immer so erschöpft? Liegt es daran, dass sie täglich in fünf verschiedenen Zoos auftreten und dort ständig die anstrengende Tätigkeit eines Rudelführers mit Revierkämpfen und Fortpflanzungsakten ausüben müssen? Warum spricht das Nilpferd Anita mal mit polnischem und mal mit türkischem Akzent? Liegt das etwa daran, dass die fünf ausländischen Leiharbeiter, die im Inneren des Nilpferdkostüms tätig sind, gerade Schichtwechsel hatten? Klar ist: es werden einfach zu viele Zoogeschichten ausgestrahlt. Da hilft es wenig, wenn Johann Lafer anbietet, überzählige Tiere gleich im Anschluss in seiner Kochsendung zu verarbeiten, denn ein Anaconda-Püree mit Wickelbärenlende trifft wohl kaum den Geschmack eines größeren Publikums.

Porträt des Autors als junger Storchenvater

STORCH *{Ciconia Ciconia}*

Am 4. Juni 1981 entschieden ein Oberregierungsrat, ein Stadtoberinspektor, ein Diplom-Ingenieur und eine Technische Angestellte über meine Zukunft als Tierbeobachter. Sie erklärten, ich sei berechtigt, den Kriegsdienst mit der Waffe aus Gewissensgründen zu verweigern. Im Protokoll hieß es: „Zwar ergaben sich in der Verhandlung wesentliche Zweifel, weil der Wehrpflichtige wenig konkrete Angaben machen konnte über die eigene Beschäftigung mit der Problematik oder die Umsetzung seiner Haltung im Lebensalltag. Die Kammer glaubte es demgegenüber für ausreichend erachten zu sollen, dass der Widerspruchsführer ein Gegner des Krieges allgemein ist und sich in seinem Leben auch eine Zeitlang karitativ im Verein für freie Altenarbeit betätigt hat." Man kann aus dieser Begründung deutlich herauslesen, dass der vorsitzende Oberregierungsrat überhaupt nicht einverstanden war mit der Entscheidung der Prüfungskammer, weil mein kläglicher Auftritt eigentlich ein Grund für eine Strafversetzung zur Militärakademie nach West Point gewesen wäre. Ich hatte viel und schlecht gelogen in dieser Verhandlung. Meine karitative Tätigkeit in der Altenarbeit beschränkte sich beispielsweise darauf, dass ich dreimal die Möbel betagter Damen, die ins Heim mussten, entweder zum Sperrmüll oder in meine Wohnung verlagert hatte.

Doch ich spürte schon während der Verhandlung, dass der Stadtoberinspektor, der Diplom-Ingenieur und die Technische Angestellte den Oberregierungsrat nicht ausstehen konnten und ihm eins auswischen wollten, indem sie einen vollkommen unglaubwürdigen Kandidaten durchboxten. Dafür möchte ich ihnen heute noch danken, denn sie haben mir einige der wichtigsten, schönsten und intensivsten Erfahrungen meines Lebens ermöglicht.

Ich konnte meine Glück lange kaum fassen, vergaß das Ganze aber beinahe, bis mir Ende 1983 das Kreiswehrersatzamt Bielefeld mitteilte, es habe mich keineswegs vergessen, man wisse auf dem Amt auch genau, dass mein 27. Geburtstag bevorstünde, und ich solle mir innerhalb von vier Wochen eine Zivildienststelle suchen oder man würde mir eine zuweisen. Diese Kommissköppe waren unerbittlich. Hätte ich meinen 27. Geburtstag unbemerkt feiern können, wäre ich frei gewesen, danach hatte das Kreiswehrersatzamt keine Macht mehr über mich. So aber stand ich vor einem echten Problem. Ich wusste nur, was ich nicht wollte: Alten, kranken oder verwirrten Menschen helfen, im Krankenhaus menschliche Ausscheidungen aufwischen oder als Krankenwagenfahrer einzelne Körperteile von verunfallten Motorradfahrern zusammensuchen.

1983 gab es etwa 20 Zivildienststellen im Naturschutz, die meisten davon auf einsamen Nordseeinseln und Halligen als Vogelbeobachter, und dort wollten sie ausschließlich Diplom-Biologen. Ich war aber nur ein gewissenloser Lügner, der nicht im Krankenhaus arbeiten wollte. Ich schrieb zwanzig Briefe, und eines Tages meldete sich die Vogelpflegestation Leiferde und ein Zivildienstleistender ermunterte mich, doch ein paar Probearbeitstage abzuleisten, danach würde man schon sehen. Qualifikationen schienen nicht erwünscht zu sein, doch ich sollte mich getäuscht haben. Leiferde ist ein kleines Dorf mit eigenem Bahnhof, das etwa zehn Kilometer von Gifhorn entfernt liegt. Die Vogelpflegestation war in einer alten Meierei untergebracht mit einem weithin sichtbaren Schornstein, auf dem sich passenderweise ein Storchennest befand. Eine Woche lang lief ich orientierungslos im Großen Moor bei Gifhorn herum, schaute den echten Zivis bewundernd beim Baumfällen zu und schichtete Äste zu Haufen. Irgendwann musste ich dabei einen Graben überspringen, und da mir bewusst war, in einem Moor zu sein, in dem ich auf keinen Fall versinken wollte, nahm ich alle Kraft zusammen und sprang mit einem gewaltigen Satz, bei dem ich praktisch alle Muskeln, Sehnen und Körperteile gleichzeitig bewegte und anspannte, über den ca. 80 cm breiten Graben. Dabei fiel mir die Brille vom Kopf und genau an der Stelle auf den Boden, den meine Füße für die Landung ausgewählt hatten. Das heißt, ich sprang auf meine eigene Brille und ein Bügel brach dabei unwiderruflich ab.

Ich konnte die Reaktion der anderen nicht überprüfen, weil ich ja ohne Brille kaum noch etwas sah, aber mir war klar, dass ich mich unsterblich blamiert hatte. Abends lötete Mathias mit etwa 200 g Lötzinn den Bügel wieder an die Brille. Heute betreibt er eine Tierarztpraxis, wo er sich auf Blindschleichen und Brillenschlangen spezialisiert hat.

Eine Woche später teilte mir der Stationsleiter Peter Mannes mit, meiner Einstellung stünde nichts im Wege. Als ich meinen Dienst antrat, wurde mir von allen versichert, es sei hauptsächlich dieser Sprung über den Graben gewesen, der mir zu meinem Posten verholfen habe. Ein Zivildienstleistender sagte wörtlich: „Als ich das gesehen habe, wusste ich, der ist hier richtig." Ein fast fünfzehnmonatiges Selbsterfahrungsprojekt nahm seinen Anfang.

An einem Samstagabend, ich hatte es mir schon vor dem Fernseher bequem gemacht, klingelte es Sturm. Vor mir stand ein kleiner, streng dreinblickender Mann und drückte mir einen Karton mit zehn sonderbaren Küken in die Hand, die, kaum, dass sie mich sahen, sofort anfingen, die schwarzen Schnäbel aufzusperren. Die Küken im Karton waren junge Störche und der Mann vor der Tür der „Storchenbeauftragte des Landkreises". Dieses Amt hatte er sich selbst gegeben, es existierte überhaupt nicht, er war eine Art Operettennaturschützer. Irgendwie hatte er es jedoch geschafft, alle freiwilligen Feuerwehren des Landkreises von seiner Wichtigkeit zu überzeugen und so verbrachte er jede freie Minute auf Drehleitern und kontrollierte sämtliche bewohnte Storchennester. Wenn ein kleiner Storch das Pech hatte, irgendwie schlapp auszusehen, wurde er sofort einkassiert und zur Vogelpflegestation gebracht. So wie die zehn im Pappkarton.

Ich wisse ja, was ich zu tun hätte, sagte der Storchenbeauftragte mit drohendem Unterton in der Stimme und verlies das Stationsgelände. Ich wusste überhaupt nichts, niemand hatte mich darauf vorbereitet, für zehn Storchenküken verantwortlich zu sein. Ich klingelte meinen Chef aus dem Bett und der erklärte gelangweilt: Kein Problem, Eintagsküken, schön klein geschnitten, und vor allem Wärme. Diese Nacht war eine der unruhigsten meines Lebens. Wohl jede Stunde wachte ich auf, wankte von meinem Zimmer im zweiten Stock des neben der Station gelegenen Wohnhauses herunter zum Heizungsraum und riss ängstlich die Tür auf. Zehn Storchenschnäbel reckten sich mir krakeelend entgegen, und ich warf die Tür erleichtert wieder zu. Nur um nach einer Stunde wieder aufzuwachen, im festen Glauben, sie seien jetzt alle tot. Die kleinen Störche waren aber im Gegenteil extrem lebendig. Sie hatten eigentlich nur eins im Kopf, und das war fressen. Man konnte ungeheure Mengen an Eintagsküken in sie einfüllen und ihnen beim Wachsen zusehen.

Das Ganze war eine wichtige Vorübung für die Zeit, in der ich eigene Küken zu betreuen hatte. Während meine Frau selig durchschlief, erwachte ich beim kleinsten Geräusch, das mein Sohn und später meine Tochter machten. Ich schnitt ihnen Eintagsküken klein, und dann waren sie wieder ruhig. Meine Frau wunderte sich, warum ich jeden Morgen völlig kaputt war. Die Kinder hatten doch durchgeschlafen, oder? Sie wusste einfach nichts von meiner Vergangenheit als Storchenvater.

Die Störche wuchsen übrigens prächtig heran, bald kamen sie ins Außengehege und wir warfen ihnen ganze Küken zu, die sie geschickt auffingen. Als es Zeit war, nach Süden zu fliegen, machten sich auch unsere zehn bereit, versammelten sich noch einige Tage auf einem Hochspannungsmast, weil sie anscheinend einen Sinn für Dramatik hatten, und eines Morgens waren sie weg. Zwei Wochen später kam ein Anruf aus Lüneburg. Es meldete sich der Bademeister des örtlichen Freibads. Er habe hier zehn Störche in seiner Garage, ob wir uns wohl mal drum kümmern könnten. Die verhaltensgestörten Vögel waren nach Norden statt nach Süden geflogen und hatten dann ein Gelände, das von ferne an ihr Storchengehege erinnerte, zur Landung gewählt. Die Liegewiese des glücklicherweise geschlossenen Lüneburger Freibades. Seitdem durften keine Störche mehr aus Nestern entnommen werden und den wenigen Pflegefällen sollte man sich nur noch maskiert nähern und sie mit verstellter Stimme ansprechen.

Wenn ich es recht bedenke, hat der Storch in meinem Leben schon immer eine wichtige Rolle gespielt. Meine Mutter glaubte in jungen Jahren noch daran, dass der Storch die Kinder bringt. Hat er das Kind der Frau überreicht, beißt er sie ins Bein, und deshalb liegt sie nach der Geburt im Wochenbett. Ich bin mir nicht sicher, ob diese Theorie überhaupt wissenschaftlich widerlegt wurde, vielleicht stimmt sie ja.

Der Storch gilt als Kulturfolger, wenn es bei uns immer weniger Störche gibt, lässt dies Rückschlüsse zu, wohin es mit der deutschen Kultur geht. Da gibt es anscheinend nur noch wenig, dem ein Storch folgen könnte.

Ich wurde jedenfalls schon als Kind auf den Storch geprägt. Vor der offiziellen Einschulung las man allen potentiellen Erstklässlern die Geschichte „Heiner im Storchennest“ vor. Da geht es um einen kleinen Jungen, der es gar nicht abwarten kann, zur Schule zu gehen, und viel zu früh dort ankommt. Die Tür ist verschlossen, aber eine Leiter ans Schuldach gelehnt. Die klettert der kleine Heiner hoch und gelangt so ins Storchennest, wo er einschläft. Dazu mussten wir ein Bild malen, und aus dem Bild konnten die Lehrer ersehen, auf welchem Entwicklungsstand sich die Kinder befanden. 1963 entschied noch der Storch, ob man die nötige Schulreife hatte. Heute, wo viele Kinder aus Ländern stammen, wo man möglicherweise Störche isst, liest man bestimmt andere Geschichten vor.

Die Vogelpflegestation bot mir reichlich Gelegenheit zu besonders intensiver Tierbeobachtung. Ständig wurden verletzte oder beschlagnahmte Turmfalken, Habichte, Rotmilane, Uhus, Waldohreulen und einmal sogar vier Schneeeulen eingeliefert oder bei den Findern abgeholt und auf verschiedene Volieren verteilt. Die Station war hauptsächlich auf Eulen und Greifvögel spezialisiert, dazu kamen im Winter Schwäne, die auf dem Schlossteich festgefroren waren.

Nicht alle Tiere überlebten, Vögel sind sehr zerbrechlich gebaut und einem Mittelklassewagen in voller Fahrt selten gewachsen. Die toten Vögel wurden erst mal in der Kühltruhe zwischengelagert. Man kann einen Habicht sehr gut in der Tiefkühltruhe beobachten, genauso wie einen Steinkauz oder einen Uhu. Die Tiere lassen einen wirklich sehr nahe herankommen, wirken aber etwas steif. In der freien Natur sind Vögel unruhig und scheu und versuchen sich zu verstecken. Es müsste eine Methode geben, sie zum Beobachten kurzfristig einzufrieren.

Ich habe während meiner Arbeit in der Vogelpflegestation tatsächlich mehr Leichen gesehen als ein Berufssoldat in seinem ganzen Leben. Mit alten, kranken und orientierungslosen Lebewesen hatte ich ständig zu tun, und die Beseitigung ihrer Ausscheidungen gehörte selbstverständlich auch zu meinen Aufgaben. Das war bestimmt die Strafe für meinen gewissenlosen Auftritt vor der Gewissensprüfungskommission.

Titel, die nie im Kosmos-Verlag erschienen sind

Welcher Stein fliegt denn da?

Was schmeckt denn da so komisch?

Welcher Mops ist das?

Was find ich im Portemonnaie?

Was fließt denn da?

Wer beißt denn da?

Pudel schnell & schmackhaft zubereitet

Vögel futtern - aber richtig

Wer war das?

Welches Autokennzeichen ist das?

Was sticht denn da?

Welche Herdplatte hab ich angelassen?

TIERREGISTER

1 bereits erschienen in der FAZ.
2 bereits erschienen in GEOSAISON.

Stefan Haag

Liebeskraut und Zauberpflanzen

400 Seiten, €/D 16,95

ISBN 978-3-440-12231-0

Die Kulturgeschichte unserer Pflanzen: Mythen, Magie und Brauchtum.

Schon seit vielen tausend Jahren wußten die Menschen um die Heilkraft und Magie der Pflanzen. Sei es als linderndes Kraut oder als Trank, um den Blick des Geliebten anzuziehen – den Verwendungsmöglichkeiten waren kaum Grenzen gesetzt. Amüsant und unterhaltsam berichtet Stefan Haag über Mythen, Magie und Brauchtum sowie die Verwendung der Heilpflanzen in der Volksmedizin früherer Zeiten bis hin zur modernen Homöopathie.

www.kosmos.de/natur

KOSMOS